ハヤカワ文庫 NF

〈NF552〉

ホワット・イフ？
Q2 だんだん地球が大きくなったらどうなるか

ランドール・マンロー
吉田三知世訳

早川書房

日本語版翻訳権独占
早川書房

©2019 Hayakawa Publishing, Inc.

WHAT IF?
Serious Scientific Answers to Absurd Hypothetical Questions
by

Randall Munroe
Copyright © 2014 by
xkcd Inc.
Translated by
Michiyo Yoshida
Published 2019 in Japan by
HAYAKAWA PUBLISHING, INC.
This book is published in Japan by
arrangement with
THE GERNERT COMPANY
through TUTTLE-MORI AGENCY, INC., TOKYO.

質問

ヨーダ	9
飛行機（フライオーバー）が着陸せずに通過してしまう州（ステート）	14
ヘリウムといっしょに落ちる	22
そして誰もいなくなる?	27
〈ホワット・イフ?〉のウェブサイトに寄せられた変な（そしてちょっとコワい）質問　その7	33
自分で受精する	34
高く投げる	49
死ぬほどのニュートリノ	57
〈ホワット・イフ?〉のウェブサイトに寄せられた変な（そしてちょっとコワい）質問　その8	63
スピードバンプ	64
迷える不死の人々	71
軌道速度	77
フェデックスのデータ伝送速度	84
自由落下	89
〈ホワット・イフ?〉のウェブサイトに寄せられた変な（そしてちょっとコワい）質問　その9	95
スパルタ	96
海から水を抜く	102
海から水を抜く：パート2	110
ツイッター	119
レゴの橋	126
いちばん長い日没	135

ランダムに電話して、くしゃみした直後の人にかかる確率	142
〈ホワット・イフ？〉のウェブサイトに寄せられた変な（そしてちょっとコワい）質問　その10	146
地球を大きくする	147
無重力で矢はどう飛ぶか	158
太陽を失った地球	163
印刷したウィキペディアを更新する	168
死者のFacebook（書）	173
大英帝国の日没	180
お茶をかき混ぜる	185
雷も総がかり	191
いちばん寂しい人	197
〈ホワット・イフ？〉のウェブサイトに寄せられた変な（そしてちょっとコワい）質問　その11	202
雨粒	203
SATにあてずっぽうで答える	209
中性子弾丸	212
〈ホワット・イフ？〉のウェブサイトに寄せられた変な（そしてちょっとコワい）質問　その12	225
リヒター・マグニチュード15	226
謝　辞	233
訳者あとがき	235
文庫版訳者あとがき	237
参考文献	241

※著者による注は脚注形式のもので、数字をふって示してある。訳注と明示したもの以外、文中で（　）で囲み文字を小さくしているものが訳注および訳者補足である。

ホワット・イフ?
Q2 だんだん地球が大きくなったらどうなるか

ヨーダ

質問. ヨーダはどれぐらいのフォースを出せますか？

——ライアン・フィニー

答.

　もちろん、プリクエル3作品（エピソード1、2、3）は無視してお答えする。

　オリジナル3部作でヨーダが実力を最大に発揮したのは、ヨーダがルークのXウィングを沼のなかから浮かび上がらせたときのことだ。ストーリーに登場する物理的に動く物体に関しては、3部作中フォースによって消費されたエネルギー量のダントツで大きかったのがこの場面である。

　ある物体を所定の高さまで持ち上げるのに必要なエネルギーは、その物体の質量に重力の大きさを掛けたものに、さらにその高さを掛けたものに等しい。問題のXウィングの場面にこの計算をあてはめると、ヨーダの最大出力の下限を知ることができる。

　まずは、Xウィングの総重量をはっきりさせないといけ

ない。Xウィングの質量について、公式な数値はないが、全長は 12.5 メートルと発表されている。F-22 戦闘機は全長 19 メートルで重さ 1 万 9700 キログラムなので、F-22 と X ウィングの密度（単位体積あたりの重さ）が同じだと仮定すると、重さの比は長さの比の 3 乗になるので、X ウィングの重さは約 5.6 トンとなる。

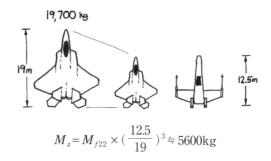

$$M_x = M_{f22} \times \left(\frac{12.5}{19}\right)^3 \fallingdotseq 5600 \text{kg}$$

次に、X ウィングがどのくらいの速さで引き上げられたかを突き止めねばならない。私はこの場面を動画再生して、沼から X ウィングが姿を現しながら上昇していくペースをストップウォッチ片手に計ってみた。

機体の前部着陸脚は約3.5秒で沼から外に出てくる。そして、前部着陸脚の長さは1.4メートルと見積もった（エピソード4『新たなる希望』の、クルーの一人がその横をすり抜けた場面に基づいて）。以上から、Xウィングは秒速0.39メートルで上昇していたことになる。

最後に、惑星ダゴバの重力を知らねばならない。これについては、どうやらお手上げだと認めざるをえない。というのも、たしかにSFファンというものは偏執狂的になりがちだが、〈スター・ウォーズ〉に出てくるすべての惑星の細かい物理的・地理的特性の一覧表がいつの日かできそうには思えないからだ。みなさんもそう思われるでしょう？

それがそうではなかった。スター・ウォーズ・ファンを見くびってはいけなかった。〈スター・ウォーズ〉に関するオンライン百科事典、Wookieepedia が、まさにそんな一覧表を公開したところだ。Wookieepedia によれば、ダゴバの表面重力は $0.9g$ だ。これをXウィングの質量と上昇速度の値とともに使って次のように計算すれば、ヨーダのピーク出力がわかる。

$$\frac{5600 \text{kg} \times 0.9g \times 1.4 \text{メートル}}{3.6 \text{秒}} = 19.2 \text{kW}$$

これは、郊外の1ブロックを成す数軒の家の電力をまかなうに十分なパワーだ。また、馬力に換算すれば約25馬力で、電気自動車版のスマートカーに搭載されている電気モータと同等のパワーである。

今の電気料金の水準だと、ヨーダは1時間あたり2ドルになる。

しかし、念力はフォースと呼ばれる力の一形態でしかない。たとえば、皇帝がルークを抹殺するために放った稲妻状の「フォースライトニング」という形態はどうだろう？　その物理的な素性が明らかにされることは決してないだろうが、似たような華々しい火花を生じるテスラ・コイルは、10キロワットほどの電力を使う。だとすると、皇帝のフォース能力はヨーダとおよそ同じレベルだということになる（テスラ・コイルは普通、ごく短いパルスをたくさん使う。もしも皇帝がアーク溶接機のようにアーク放電を連続的に維持しているのなら、その電力は優にメガワットに達しているだろう）。

ではルークのフォースはどうだろう？　私は、逆さ吊りにされたルークが獲得したばかりのフォースを使って、落ちて雪に刺さったライトセーバーを引き寄せたシーンを調べてみた。このシーンでいろいろな数値を特定するのは、ヨーダのときよりももっと難しいのだが、1こま1こまチェックして、ルークの最大出力を400ワットと見積もった。ヨーダの19kWに比べれば微々たるもので、しかも、ほんの一瞬しかもたなかった。

そんなわけで、エネルギー源としては、ヨーダがいちばんよさそうだ。だが、世界の電力消費量が2テラワットに達しようとしている今、この電力需要を満たそうとすれば、ヨーダが1億人必要となる。すべて考え合わせると、わざ

わざヨーダ発電に切り替える意味はほとんどなさそうだ。グリーンエネルギーの最たるものであることは間違いないが。

――飛行機が着陸せずに通過してしまう州――
（フライオーバー・ステート）

質問. アメリカの州のなかで、飛行機が着陸せずに上空を通過してしまい、無視されることがいちばん多いのはどこですか？

――ジェシー・ルーダーマン

答.

　普通「フライオーバー・ステート」と呼ばれているのは、ニューヨーク、ロサンジェルス、シカゴのあいだを飛んでいるときによく通過する、西のほうの、境界が直線で区切られた大きないくつかの州だ。

　しかし、実際に飛行機が最も頻繁に上空を飛んで通過する州はどこだろう？　東海岸を南北に飛ぶ便はじつに多いので、たとえば、ワイオミング州よりもニューヨーク州のほうが頻繁に上空を通過されている、という理屈をこねるのはたやすい。

　ほんとうのフライオーバー・ステートはどこなのかはっきりさせるため、私は1万以上の航空路を調べ、それぞれの便がどの州を上空通過するかを特定した。

　驚くべきことに、飛行機が離陸や着陸をせずにただ上空通過することが最も多い州は……

飛行機が着陸せずに通過してしまう州 15

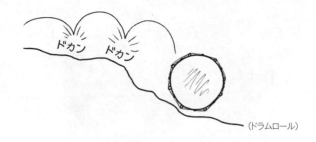

(ドラムロール)

……**バージニア州**だった。

これには私も驚いた。私はバージニアで育ったのだが、自分の州が「フライオーバー・ステート」だなんて、考えてみたことさえない。

バージニア州には大きな空港がいくつもあることからすると、これは意外だ。ワシントンD.C.の最寄りの空港のうち2つが実際にはバージニア州にある（ロナルド・レーガン・ワシントン・ナショナル空港〔空港コードDCA〕とワシントン・ダレス国際空港〔コードIAD〕）。ということは、ワシントンD.C.行きの飛行機の大部分は、バージニアを上空通過する便の数には入らない。なにせ、バージニア州のなかに着陸するのだから。

アメリカの州を、1日あたりの上空通過便数で色分けした地図がこれだ。

16 WHAT IF? Q2

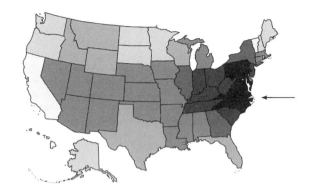

バージニアとわずかな差で1位を逃した州は、**メリーランド、ノースカロライナ、ペンシルベニア**だ。これらの州は、ほかの州に比べて飛行機の上空通過が格段に多い。

で、どうしてバージニアが1位なのか？

いろいろな要因があるが、その最大のもののひとつが、**ハーツフィールド・ジャクソン・アトランタ国際空港**（通称アトランタ空港）だ。

アトランタ空港は世界で最も発着便数の多い空港で、乗降客数、便数ともに、東京、ロンドン、北京、シカゴ、ロサンジェルスをしのぐ。デルタ航空（つい先ごろまで世界最大の航空会社だった）のハブ空港で、その

ため、デルタ航空を使う乗客が頻繁にアトランタ空港で飛行機を乗り継ぐ。

アトランタ空港からアメリカ北東部への便数がひじょうに多く、アトランタ空港発の便の20パーセントがバージニア州を、25パーセントがノースカロライナ州を通過する。これが、この2つの州の上空通過便総数を大いに押し上げている。

だが、アトランタ空港は、バージニア州の上空通過便総数を大きくしている最大の要因ではない。バージニアを上空通過する便を最も多く送り出しているのは、私には思いもよらぬ空港だった。

トロント・ピアソン国際空港（YYZ）がバージニア州を上空通過する便の出発地点となっているとは意外に感じるが、このカナダ最大の空港は、ニューヨークのJFK空港とラガーディア空港を足しあわせたよりも多くの便をバージニア州上空に送っている。

トロント・ピアソン国際空港がそれだけ多くの便を送り出している理由のひとつは、そこからカリブ海や南米への直行便が多く、これらの直行便が目的地に至るまでにアメリカの領空を通過するということにある。トロント国際空

（1） アメリカとは違って、カナダからはキューバ行きの民間飛行便がたくさん出るので便利だ。

港はバージニアのみならず、ウェストバージニア、ペンシルベニア、ニューヨークの各州にとっても、上空通過便の主要な源になっている。

次の地図は、それぞれの州にとって、上空通過便を最大数送り出している空港名を示したものだ。

着陸便数と上空通過便数の比で考えると

「フライオーバー・ステート」の定義としてもうひとつ、「その州に着陸する便数に対する上空通過便数の比が最も大きい州」というのが考えられる。この尺度でいえば、フライオーバー・ステートのほとんどが人口密度が最も低い州という単純な図式になる。案の定、10位以内に入るのは、ワイオミング、アラスカ、モンタナ、アイダホ、ノースダコタ、サウスダコタの各州だ。

しかし、着陸便数対上空通過便数の比が最も高い州は、

驚くべきことに、デラウェア州だ。

すこし詳しく調べてみると、ひじょうにわかりやすい理由が見えてきた。デラウェア州には空港がないというのがその理由だったのだ。

あ、いや、この言い方はあまり正確ではない。デラウェアにはドーバー空軍基地（DOV）やニューカッスル空港（ILG）をはじめ、飛行場が多数ある。商業空港と呼べるかもしれないのはニューカッスル空港だけだが、この空港も、2008年にスカイバス航空が倒産してからは航空会社にはまったく使われていない。(2)

上空通過便が最も少ない州

上空通過便が最も少ない州はハワイだ。これは理に適っている。ハワイは、世界最大の海の真ん中に浮かぶ小さな島々が集まってできているので、その上空を通過するにはよっぽど狙ってかからねばならない。

島ではない49の州のなかで(3)最も上空通過便数が少ないのはカリフォルニアだ。カリフォルニア州は南北に長く東西の幅は狭いので、太平洋上を飛行する多くの飛行機が横切るように思っていた私にとっては、これは驚きだった。

しかし、2001年9月11日の同時多発テロでジェット燃

（2） 2013年、フロンティア航空がニューカッスル空港とフロリダのフォートマイヤーズを結ぶ航路を開始して、この状況は変化した。この事実は、私が入手していたデータには含まれていなかった。また、フロンティア航空が今後デラウェアをリストからはずす可能性もある。

（3） ここではロードアイランドもこのなかに含めている。含めてはいけない気もするのだが。

料を搭載した航空機が武器として使われて以来、連邦航空局（FAA）は、燃料を搭載した状態でアメリカを横断する飛行機の数を制限しようとしてきた。そのため、そんな制約がなければカリフォルニアを上空通過したはずの海外からの旅行者たちが、カリフォルニアにある空港のどれかひとつから出発した接続便を利用することになっている。

下側通過便が多い州（フライアンダー・ステート）

最後に、ちょっと妙な質問に答えよう。下側通過便が最も多い州はどこだろう？　つまり、その州の領域の真下に当たる、地球の反対側を通過する便が最も多い州はどこだろう？

その答は、ハワイだ。

こんな小さな州が1位になる理由は、アメリカ合衆国の大部分にとって、反対側はインド洋で、その上を通過する民間航空機はほとんどないことにある。一方ハワイは、反対側にアフリカ内陸部にあるボツワナ共和国が位置している。アフリカは、ほかの大陸に比べると上空を通過する飛行機は少ないが、ハワイが1位になるほどの便数はあるわけだ。

かわいそうなバージニア

バージニアが最も頻繁に上空通過されている州だということを認めるのは、そこで育った私にとって辛いことだ。ともかく、バージニアの家族の元へ帰るときには、ときどき空を見上げて飛行機に手を振るのを忘れないようにしよう。

(もしも南アフリカのヨハネスブルグからナイジェリアのラゴスへ向かうアリクエアの104便——毎日午前9時35分に出発する便——にみなさんが乗られることがあれば、下に向かって「アロハ！」と、忘れずに言ってください)

ヘリウムといっしょに落ちる

質問． ヘリウムが入ったタンク２、３本と、膨らませていない巨大な風船１個を持って飛行機から飛び降り、落ちながらヘリウムで風船を膨らませたらどうなりますか？　この風船のおかげで十分安全に着地できるほど落下速度がゆっくりになるには、どれだけの距離を落下しないといけませんか？
——コリン・ロー

答．

　そんなアホな、という気がしてしまうが、これがじつは、まったくあり得ない話ではないのだ。

　すごく高いところから落ちるのは危険だ[要出典]。１個の風船だとてあなたの命を救うために役立つ可能性は実際にある。とはいえ、パーティで使うような、よくあるヘリウム入り風船ではだめだ。

　風船が十分大きければ、ヘリウムは全然いらない。風船がパラシュートの役目を果たし、あなたは命に別状なく着地できるほどゆっくり落下できるだろう。

　当然のことだが、猛スピードで着地しないようにすることが生き延びる鍵だ。ある医学論文にこう書かれているとおりだ。

> 「もちろん、落下のスピードや、どれだけの距離を落下するかは、それ自体はなんら有害ではないのは明らかだ。……しかし、10階からコンクリートの上に落ちたときに起こるような、速度の急激な変化はそれと

……これは、「落下することで死ぬのではない。最後に急に止まるから死ぬのだ」という昔からある警句(作家のダグラス・アダムスの言葉だとする説が有力だが、定かでない)を、しかつめらしく言い換えただけのことだ。

空気(ヘリウムではなくて)を詰めた風船がパラシュートとして機能するには、直径が10から20メートルでなければならず、これでは携帯用タンクで膨らませるにはあまりに大きすぎる。強力な送風機を使えば、周囲の空気で風船を満たすことができるだろうが、それならパラシュートを使えばいいような気がする。

ヘリウム

ヘリウムを使うなら話はもっと簡単になる。

人ひとり持ち上げるのに、ヘリウム入り風船はそんなにたくさん必要ない。1982年、ラリー・ウォルターズは庭の芝生に置くローンチェアという椅子を気象観測用風船につないだものに座ってロサンジェルス上空を飛び、数キロメートルの高度に達した。LAX(ロサンジェルス国際空港)の空域を通過したあと、彼はペレット・ガンで風船を何個か撃ちぬき、着陸した。

着陸したウォルターズはその場で逮捕された。何の容疑

で逮捕するかを決めるのは大変だったようだが。当時、FAA（連邦航空局）の安全検査官はニューヨークタイムズにこんなふうに語った。「彼が連邦航空法の何らかの条項を破ったことははっきりしているし、それがどの条項かが明らかになればすぐに、何らかの罪で起訴します」

　比較的小さなヘリウム風船（パラシュートより小さいことは間違いない）で、十分あなたの落下速度を遅くできるだろう。しかし、小さいといっても、パーティ用の風船の基準からすれば、やはり巨大である。レンタルのヘリウム・タンクは最大のもので約 7000 リットルで、あなたの体重を支えるに十分な量の気体を風船に入れるためには、少なくとも 10 本のタンクを空にする必要がある。

　その作業は手早くやらねばなるまい。ヘリウム・ボンベは表面が滑らかで、非常に重いことが多く、したがって終端速度が大きい。すべてのボンベを使い切るのに 2、3 分しかないだろう（1 本空にしたら、そのボンベは落としてしまえばいい）。

　出発点を高くしても、この問題を回避することはできない。ステーキを落として焼くことを考えた際に説明したように、上層大気はひじょうに薄いので、成層圏より高いところから落としたものはすべて、下層大気に入る前にものすごいスピードに達し、その後はゆっくりと落ちる。これは、小さな隕石からフェリックス・バウムガ

ルトナーまで、すべてのものについて言える。

しかし、たとえばキャニスターを一度にたくさんつないだりして風船をすばやく膨らませたなら、落ちるスピードを遅くすることができるはずだ。ただし、ヘリウムを使いすぎないように。さもないと、ラリー・ウォルターズのように4900メートルの高さでぷかぷか浮かぶことになる。

この答を出すために、手持ちのマセマティカ（数学者のスティーヴン・ウルフラムが開発した数式処理システム）を何度もフリーズさせながら、風船関連の微分方程式を解こうとした。ところがその後、私のIPアドレスが、マセマティカの販売元のウルフラム・リサーチ社が開発した質疑応答サイト、ウルフラムアルファからアクセスを禁止されてしまった。リクエストをしすぎたからだそうだ。禁止撤回要請

（1） この質問に答えるために衝撃速度を調べていたところ、〈Straight Dope〉という、投稿された質問に答える形のコラム（《シカゴ・リーダー》紙上で1973年から続いていて、傑作集が刊本にもなっている。『こんなこと、だれに聞いたらいいの？』など邦訳も数点あり）を公開するサイトの掲示板で、生存可能な落下高度について議論されているのを見つけた。ある投稿者は、高所からの落下をバスにはねられることになぞらえていた。別のユーザーで法医学者の人は、それは間違った比喩だと言っていた。以下はその引用。
「車にはねられるとき、大多数の場合、車は人の上を走るのではなく、人の下を走る。したがってはねられた人は下肢が折れ、宙に投げ上げられる。通常、その人は車のボンネットに落ち、その際多くの場合、後頭部を車の屋根に打ち付ける。被害者は、脚が折れ、さらに、命にかかわらないほどの強さでフロントグラスにぶつかったがために頭痛を感じているかもしれないが、まだ命はある。被害者が死ぬのは、その後地面に落ちたときだ。彼らは頭部損傷で死ぬ」
教訓：法医学者には楯突くな。彼らは筋金入りで、冗談は通じないようだから。

書の記入項目のひとつで、それほどたくさんのリクエストが必要になったのは何をやっていたからなのか説明を求められたので、こう記入した。「パラシュートとして使えるほど大きな風船を膨らましてジェット機から飛び降りるときの落下速度を低下させるためには何本のレンタル・ヘリウム・ボンベを背負わなければならないかを計算していた」

　ごめんね、ウルフラム。

─── そして誰もいなくなる？ ───

質問. 地球上に現存する人間全員を、惑星外に移動させられるだけのエネルギーが、僕らに残されていますか？
　　　　　　　　　　　　　　　　　　　　　——アダム

答.

　環境汚染、人口の増えすぎ、核戦争などで人間が地球を見捨てる、という筋書きのSF映画はたくさんある。

　だが、人間を宇宙の高みまで引き上げるのは生易しいことではない。人口が大幅に減少しないとして、全人類を宇宙へ打ち上げるなど、物理的に可能だろうか？　行き先についてはともかく、気にすらしないことにしよう。そして、「新しい住み処を見つける必要はない、とにかく地球にはもう住めない」のだと仮定しよう。

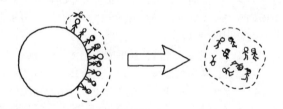

　多少なりとも見込みのあることなのかどうかを見極めるために、まずは、必要最低限となるエネルギーがどれくらいなのかを見てみよう。「1人あたり4ギガジュール」というのがその数字だ。ロケット、大砲、あるいは宇宙エレベータとか、はしごだとか、どんな方法を取ろうとも、体

重65キログラムの人間——65キログラムの何でも同じだが——を地球の重力井戸の外に出すには、少なくともこれだけのエネルギーが必要なのだ。

4ギガジュールとは、どれくらいの量なのだろう？ 電力の単位に換算すると、約1メガワット時になる。これは、標準的なアメリカの家庭が1、2カ月のあいだに消費する電力に相当する。それはまた、90キログラムのガソリン、もしくは、単3電池を積めるだけ積んだカーゴバンに蓄えられているエネルギーの量に等しい。

4ギガジュール掛ける70億人は2.8×10^{18}ジュール、または8ペタワット時だ。これは、世界の年間エネルギー消費量の約5パーセントに当たる。すごい量だが、物理的にありえない規模ではない。

だが、4ギガジュールは、最低限の値でしかない。実行するとなると、すべては移送手段の選択にかかってくる。たとえば、ロケットを使うならこれよりはるかに大量のエネルギーが必要になる。その理由は、ロケットが持つ根本的な問題にある。「ロケットは自分が使う燃料も運ばねばならない」というのがその問題だ。

この宇宙飛行最大の問題を説明するため、ここでしばらく、さっき引き合いに出した「90キログラムのガソリン（約114リットル）」という表現を使うことにしよう。

65キログラムの宇宙船を打ち上げたいなら、約90キログラムの燃料に相当するエネルギーが必要だ。この燃料を宇宙船に載せよう。すると、宇宙船の重さは155キログラムになる。155キログラムの宇宙船には215キログラムの燃料が必要なので、125キログラムの燃料を追加で載せて……

ありがたいことに、この「1キロ加えるごとに、さらに1.3キロ加える」という無限ループにははまらないで済む。なぜなら、燃料は終点までずっと運ぶものではないからだ。飛びながら燃料を消費していくのだから、宇宙船はどんどん軽くなっていく。軽くなる分、必要な燃料はどんどん少なくなる。だが、途中までは燃料を運ばねばならないというのも事実だ。所定のスピードで進みつづけるために燃焼せねばならない推進剤の量は、ツィオルコフスキーの公式で与えられる。

$$\Delta v = v_{\text{exhaust}} \ln \frac{m_{\text{start}}}{m_{\text{end}}}$$

m_{start} と m_{end} は、燃料を燃やす前と後の、宇宙船の総重量に燃料の重さを加えたもの、v_{exhaust} は、燃料の「噴射速度」で、ロケット燃料の場合は秒速2.5から4.5キロメートルのあいだの数値である。

重要なのは、われわれが求めるロケットの飛行速度 Δv と、燃料がロケットから噴出する速度 v_{exhaust} との比だ。地球から出発するためには、秒速13キロ以上の Δv が必要だ。だがその一方で、v_{exhaust} には秒速約4.5キロという上限が

ある。このため燃料対宇宙船の速度比は、$e^{13/4.5} \fallingdotseq 20$ 以上となる。この比を x とすると、1キログラムの宇宙船を打ち上げるには、e^x キログラムの燃料が必要となる。

この x が大きくなるにつれ、e^x の値はものすごく大きくなる。

結論:従来のロケット燃料を使って地球の重力に打ち勝つためには、1トンの宇宙船の場合、20から50トンの燃料が必要だ。したがって、全人類(総重量:約4億トン)を打ち上げるには、数十兆トンの燃料が必要になる。これは膨大な量だ。仮に私たちが炭化水素ベースの燃料を使っていたとしたら、これは、世界の石油備蓄総量のかなりの割合にあたる。しかもこの計算には、宇宙船そのもの、食料、水、ペットなどの重量は含まれていないのだ。(1) さらに、これらの宇宙船の製造や、人々を打ち上げ場まで送り届けることなどに必要な燃料もある。絶対に不可能とは言わないが、現実味があると言える範囲を越えた話であることは間違いない。

しかし、ロケットが唯一の手段ではない。ばかばかしいと思われるかもしれないが、(1)ロープを使って、文字通り宇宙まで登っていくか、(2)核兵器を爆発させて人間を地球の外へと吹き飛ばすか、どちらかの方法を試したほうがうまくいくかもしれない。実のところ、これらの方法は、やや大胆すぎる嫌いがあるにしても、打ち上げシステムとして真剣に検討されており、宇宙時代の幕開けから

---

(1) アメリカだけでも、飼い犬すべてを合わせると約100万トンになりそうだ。

繰り返し議論されている。

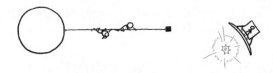

　ひとつめの方法は、「宇宙エレベータ」と呼ばれている、SF小説の著者たちが大好きなコンセプトだ。テザーを人工衛星につなげ、その人工衛星に十分外側の軌道を周回させ、遠心力でテザーが常にぴんと張られるようにする。そのようにお膳立てした上で、太陽光発電なり原子力発電なり、なんでも効率の一番いい手段で生み出した通常の電力とモータを使って、人間たちがロープを登れるようにする。最大の技術的ハードルは、現在われわれが作ることのできるどんなものに比べても数倍の強度がテザーには必要だという点にある。カーボン・ナノチューブをベースにした材料が、必要な強度に到達するかもしれないという希望がある。頭に「ナノ」という言葉を付ければ片付く可能性がある技術的問題の長いリストに、こうしてまた新たにひとつ項目が加わったわけだ。

　ふたつめのアプローチは、「核パルス推進」と呼ばれている、大量の物質をかなりの速度で動かすことのできる、驚くほど現実味のある方法だ。基本的な考え方は、核爆弾を自分の後ろ側に投げて、その衝撃波に乗るということである。宇宙船が粉々になって消えうせてしまうのではないかと思われるかもしれないが、適切なシールドを施せば、

宇宙船がばらばらになる前に、爆発の衝撃は宇宙船を回避して飛んでいってしまうのだ。十分な信頼性が確保できたなら、理屈の上では、このシステムは街の区画をまるごといくつも地球周回軌道上に打ち上げ、私たちの目標を達成することができるはずだ。

1960年代、この背後にある工学原理は十分に堅牢だと判断され、フリーマン・ダイソン（宇宙物理学者。もともとの専門は量子電磁力学だが、ダイソン球やアストロチキンなど、SFに影響を与えるようなファンタスティックなアイデアでも著名）の指導のもと、米国政府はこのような宇宙船を1機製造しようとした。「プロジェクト・オライオン」と名づけられたこのプロジェクトの物語は、フリーマンの息子、ジョージが、やはり『プロジェクト・オライオン』（未訳）というタイトルの素晴らしい本のなかで詳細に述べている。核パルス推進の提唱者たちは、プロトタイプもまだ一切できていないうちにこのプロジェクトが打ち切りになったことをいまだに残念がっている。その一方で、このプロジェクトは何を実現しようとしていたか——巨大な核兵器を箱に入れ、大気圏の上のほうに投げ上げて、繰り返し爆発させる——を考えると、打ち切られたところまで計画が実際に進められたのは恐ろしいことだと言う者たちもいる。

以上のことから、答はこうなる。1人の人間を宇宙に送るのは簡単だが、われわれ全員を宇宙まで運ぶとすると、われわれの資源に限界まで負担をかけ、地球を破壊しかねない。ひとりの人間にとっては小さな一歩でも、人類にとっては大きな飛躍だ。

〈ホワット・イフ?〉のウェブサイトに寄せられた変な(そしてちょっとコワい)質問 その7

質問. 『マイティ・ソー』という映画で、主人公がハンマーを超高速で振り回して猛烈な竜巻を作るシーンがありますが、そんなことが現実に可能なのでしょうか?
——ダヴォール

「無理」

質問. もしも一生分のキスをがまんして、それだけの吸う力をたった1度のキスに投入するとしたら、そのキスはどれぐらい吸引力があるものになるでしょうか?
——ジョナサン・リンドストレム

質問. アメリカ合衆国を完全な廃墟にしてしまうには、何発の核ミサイルを撃ち込まねばなりませんか?
——匿名

自分で受精する

質問. 骨髄幹細胞を使って精子を作ろうとしている研究者たちのことを読みました。もしも女性が自分の幹細胞から精子を作ってもらい、それを使って妊娠したとすると、その後生まれた子どもと彼女とは、どんな関係にあることになるのでしょうか？

——R・スコット・ラモルテ

答.

人間を作るには、2組のDNAを組み合わせなければならない。

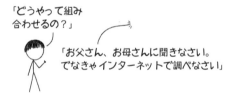

人間の場合、この2組は精子細胞と卵細胞のなかに分かれて存在し、どちらも持ち主の両親のDNAをランダムに取ったサンプルになっている（このランダムさがどのように働くかは、あとで説明する）。人間では、精子細胞と卵細胞は異なる2人の人間に由来する。だが、絶対にそうでなければならないというわけではない。どんな種類の組織でも形成できる幹細胞を使えば、理屈の上では、精子（または卵子）を生成することができる。

これまでのところ、幹細胞から完全な精子を作った者は誰もいない。2007 年にある研究グループが、骨髄幹細胞を精原幹細胞に変化させることに成功した。精原幹細胞とは、精子を作るおおもとの細胞だ。この研究グループは精原幹細胞を完全な精子にすることはできなかったが、それでもこれは 1 歩前進だった。2009 年、同じグループが最後の 1 歩を進んで、機能する精子細胞を作り出したと主張しているかに思われる論文を発表した。

しかし、問題が 2 つあった。

ひとつめ。彼らは精子細胞を作り出したとは明確に述べていなかった。精子のような細胞を作ったとしか書かれていなかったのだが、メディアはこぞって、まるで成功したかのように誇張して報道した。ふたつめ。この論文を掲載した専門誌が、あとになってこの論文を撤回した。著者らが別の論文を無断で引用して書いたパラグラフが 2 つあったからだ。

これらの問題はあったものの、その論文の基本的な考え方はそれほど現実離れしてはいない。そして、これからお話しする R・スコットの質問への答は、ちょっと不安な気持ちにさせられるような内容になる。

遺伝情報の流れを追跡するのは、なかなか難しい。これをわかりやすく紹介するために、とことん単純化したモデルをお見せすることにしよう。ロールプレイングゲームが好きな人にはおなじみのものではないかと思う。

染色体：D&D 版

人間の DNA、正確に言えばゲノムは 23 の、**染色体**と呼

ばれる棒状の小体から構成されている。どの人間も染色体はすべて、母親からのものと父親のもの、2本が組み合わされたペアになっている。

　私たちの単純化版 DNA では、染色体は 23 対ではなく 7 対だとしよう。人間の場合、どの染色体にも膨大な量の遺伝子コードが含まれているが、私たちのモデルでは、ひとつの染色体はひとつのことしかコントロールしないとしよう。

　D&D ベースの d20 システム（会話型 RPG、『ダンジョンズ&ドラゴンズ』の基幹システムをベースに開発された RPG の基本ルール）のバリエーションを使ってキャラクター設定をする。つまりそれぞれの DNA には次のような 7 対の染色体が含まれていることにしよう。

1　STR（筋力）
2　CON（体力）
3　DEX（敏捷性）
4　CHR（カリスマ性）
5　WIS（知恵）
6　INT（知性）
7　SEX（性別）

　1 から 6 までは、従来のロールプレイングゲームのキャラクター設定の、筋力、体力、敏捷性、カリスマ性、知恵、知性に対応する染色体である。最後のひとつは、性別を決める染色体だ。

　これらの染色体がつながった、DNA の「鎖」の一例を挙げよう。

1	STR（筋力）	15
2	CON（体力）	2
3	DEX（敏捷性）	1×
4	CHR（カリスマ性）	12
5	WIS（知恵）	0.5×
6	INT（知性）	14
7	SEX（性別）	X

私たちのモデルでは、それぞれの染色体は情報をひとつずつ持っている。この情報は、キャラクターの性質（ひとつの数で、通常は1から18までの数）か、または、乗数である。最後のSEXは性別決定染色体で、実際のヒト遺伝子の場合と同じく、「X」か「Y」のどちらかだ。

現実の世界と同様に、どのキャラクターも2組の染色体を持っている——母親由来のものと、父親由来のものだ。さて、あなたの遺伝子はこんなふうになっているとしよう。

		母親のDNA	父親のDNA
1	STR（筋力）	15	5
2	CON（体力）	2×	12
3	DEX（敏捷性）	1×	14
4	CHR（カリスマ性）	12	1.5×
5	WIS（知恵）	0.5×	14
6	INT（知性）	14	15
7	SEX（性別）	X	X

これら2つの設定を組み合わせることで、人間の性質は決まる。私たちのシステムでは、設定を結びつけるときに、次のような単純なルールがあることにする。

ある染色体について、**母親、父親由来の2本とも数**だった場合は、大きいほうの数を自分の設定とする。**1本が数でもう1本が乗数**だった場合は、数に乗数を掛けたものを自分の設定とする。**どちらも乗数**だった場合は、1という数を設定する。(1)

すると、両親からさっきのような染色体をもらった人間は、こんなキャラクター設定になっているはずだ。

		母親のDNA	父親のDNA	できあがった設定
1	STR（筋力）	15	5	15
2	CON（体力）	2×	12	24
3	DEX（敏捷性）	1×	14	14
4	CHR（カリスマ性）	12	1.5×	18
5	WIS（知恵）	0.5×	14	7
6	INT（知性）	14	15	15
7	SEX（性別）	X	X	女性

一方の親が乗数を、もう一方の親が数を提供してくれると、結果はたいへんよくなる！　このキャラクターの体力は超人的な24だ。実際、知恵のスコアが低いほかは、このキャラクターは全体として優れた性質を備えている。

では、このキャラクター（「アリス」と呼ぶことにしよう）が、ほかのキャラクター（「ボブ」）に出会うとしよう。

ボブの設定もすばらしい。

（1）　1は乗法の単位元だから。

自分で受精する 39

	ボブ	母親のDNA	父親のDNA	できあがった設定
1	STR(筋力)	13	7	13
2	CON(体力)	5	18	18
3	DEX(敏捷性)	15	11	15
4	CHR(カリスマ性)	10	2×	20
5	WIS(知恵)	16	14	16
6	INT(知性)	2×	8	16
7	SEX(性別)	X	Y	男性

アリスとボブのあいだに子どもができると、2人はDNA鎖を1本ずつ子どもに提供する。しかし、彼らが子どもに提供するDNA鎖は、彼らの父母の鎖がランダムに混じったものだ。一つひとつの精子細胞（一つひとつの卵細胞も）には、それぞれのDNA鎖に由来する染色体がランダムに組み合わされて含まれている。これを踏まえて、ボブとアリスは、次のような精子と卵子を作るとしよう。

	アリス	母のDNA	父のDNA	**ボブ**	母のDNA	父のDNA
1	STR(筋力)	(15)	5	STR	13	(7)
2	CON(体力)	(2×)	12	CON	(5)	18
3	DEX(敏捷性)	1×	(14)	DEX	15	(11)
4	CHR(カリスマ性)	12	(1.5×)	CHR	(10)	2×
5	WIS(知恵)	0.5×	(14)	WIS	(16)	14
6	INT(知性)	(14)	15	INT	(2×)	8
7	SEX(性別)	(X)	X	SEX	(X)	Y

		卵子（アリス由来）		精子（ボブ由来）	
1	STR（筋力）	15	STR	7
2	CON（体力）	2×	CON	5
3	DEX（敏捷性）	14	DEX	11
4	CHR（カリスマ性）	1.5×	CHR	10
5	WIS（知恵）	14	WIS	16
6	INT（知性）	14	INT	2×
7	SEX（性別）	X	SEX	X

この精子と卵子が結びついてできた子どもの設定は、このようになるだろう。

		卵子	精子	子どもの設定
1	STR（筋力）	15	7	15
2	CON（体力）	2×	5	10
3	DEX（敏捷性）	14	11	14
4	CHR（カリスマ性）	1.5×	10	15
5	WIS（知恵）	14	16	16
6	INT（知性）	14	2×	28
7	SEX（性別）	X	X	女性

　この子どもは、母から筋力を、父から知恵を受け継いでいる。また、超人的な知性を備えているが、これは、母アリスが 14 という大きな数を、父ボブが乗数を提供してくれたからだ。一方、この子どもの体力は、どちらの親に比べても弱くなっている。これは、父親から受け継いだのが「5」という小さな数なので、母親から 2× という乗数をもらっても、5×2 ＝ 10 にしかならないからだ。

　アリスもボブも、親の「カリスマ性」染色体には乗数が

含まれていた。乗数が2つのときは、その結びつきで生じた設定は1になるので、アリスもボブも乗数を提供した場合、子どもはカリスマ性が最低になってしまう。幸い、これが起こる確率は4度に1度だけだ。

子どもが受け取ったDNA鎖が両方とも乗数になっている場合、設定は1という最低の値になる。ありがたいことに、乗数は比較的まれなので、任意の2人の人間の両方で乗数ばかりがDNA鎖に並ぶ確率は低い。

では、アリスが自分とのあいだに子どもを作ったとしたらどうなるかを見てみよう。

まず、彼女は1対の生殖細胞を作り出し、ランダム・セレクションがそれぞれの生殖細胞で1度ずつ、計2回行なわれる。この様子を示そう。

	アリスの卵子	母のDNA	父のDNA	**アリスの精子**	母のDNA	父のDNA
1	STR（筋力）	(15)	5	STR	15	(5)
2	CON（体力）	(2×)	12	CON	(2×)	12
3	DEX（敏捷性）	1×	(14)	DEX	1×	(14)
4	CHR（カリスマ性）	12	(1.5×)	CHR	(12)	1.5×
5	WIS（知恵）	0.5×	(14)	WIS	(0.5×)	14
6	INT（知性）	(14)	15	INT	(14)	15
7	SEX（性別）	(X)	X	SEX	X	(X)

これらランダム・セレクションでできた2本のDNA鎖が子どもに提供される。

	アリス2世	卵子	精子	子どもの設定
1	STR（筋力）	15	5	15
2	CON（体力）	2×	2×	1
3	DEX（敏捷性）	14	14	14
4	CHR（カリスマ性）	1.5×	12	18
5	WIS（知恵）	14	0.5×	7
6	INT（知性）	14	14	14
7	SEX（性別）	X	X	X

Y染色体を提供する者が誰もいないので、子どもは必ず女性になる。

この子どもにはひとつ問題もある。7つの設定のうち、INT、DEX、CONの3つについては、この子どもは卵子、精子両方から同じ染色体を受け継いだ。DEXとINTでは、アリスのスコアが高いので問題はないが、CONでは両方から乗数を受け継いだため、体力のスコアは1になってしまっている。

誰かが自分だけで子どもを作ろうとすると、その子どもが精子、卵子両方から同じ染色体を受け継ぎ、したがって乗数が重なる場合が劇的に増加する。アリスの子どものDNA鎖の1ヵ所で乗数が重なっている確率は58パーセントになる。これは、アリスとボブの子どもでは25パーセントだったことからすると、大幅な増大だ。

一般的に、あなたが自分とのあいだに子どもを作ろうとすると、あなたの染色体の50パーセントが、精子側、卵子側ともにまったく同じになる。ある設定の箇所で両側がともに乗数で、その結果設定が1になった場合、その子どもは問題を抱えることになるだろう。たとえあなたにはそ

んな問題はなかったとしても。このように、染色体をなす2つのコピーが同じ遺伝子を持っている状態をホモ接合と呼ぶ。

人間

人間の場合、近親交配で生じる遺伝性疾患として最も多いのは脊髄性筋萎縮症（SMA）（脊髄の運動神経細胞の病変によって、全身の筋力低下と筋萎縮が徐々に進行する病気）だろう。SMAでは、脊髄にある細胞が死に、やがて命を失うか、重度の障害が現れることが多い。

SMAは第5染色体の遺伝子の異常で生じる。この異常は、50人にひとりぐらいの割合で起こる。言い換えれば、この異常を子どもに提供する人は、100人にひとりである。したがって、両方の親からこの欠陥のある遺伝子を受け継ぐ人は、1万人にひとり（100×100）である。[2]

一方、もしも誰かが、自分自身とのあいだに子どもを作ったとすると、SMAが発症する確率は400人にひとりとなる。なぜなら、その人がこの欠陥のある遺伝子を1個持っていたとすると（100人にひとり）、その人の子どもにとって、それが唯一のコピーである確率は4分の1となるからだ。

400人にひとりなんて大したことないと思われるかもしれないが、SMAは1例に過ぎないのだ。

（2） ある種のSMAは2つの遺伝子に欠陥があることで生じる。このため、実際の統計的全体像はもう少し複雑だ。

DNAは複雑だ

　DNAは、知られている宇宙のなかで最も複雑な機械のソースコード（プログラミング言語によって書かれた、コンピュータ用プログラム）だ。それぞれの染色体のなかに、驚異的な量の情報が含まれている。また、DNAとそれを取り巻く細胞機構はとてつもなく複雑で、可動部やマウストラップ型のフィードバック・ループが無数に組み込まれている。じつのところ、DNAを「ソースコード」と呼んではDNAに失礼だ。というのも、DNAに比べれば、われわれが取り組んでいる最も複雑なプログラム作成プロジェクトもポケット計算機のようなものなのだから。

　人間では、個々の染色体がさまざまな突然変異や遺伝的変異を起こすことによって、多くのことに影響が及ぶ。このような突然変異のなかには、SMAを引き起こすもののように、悪い影響をもたらすばかりでご利益はなさそうなものもなくはない。私たちのD&Dシステムで言えば、CON（体力）が1の染色体のようなものだ。もう1本の染色体が正常なら、あなたのキャラクター設定は正常なはずだ。だがその場合あなたは、CONが1の染色体を1本持っているので、表には現れていないが、「キャリア（保因者）」となる。

　このほか、第11染色体の突然変異で生じる鎌状赤血球遺伝子は、利益と損害の両方をもたらす。染色体の2本のコピーが両方とも鎌状赤血球遺伝子を持っている場合、その人は**鎌状赤血球貧血症**を発症する。しかし、片方のコピーにしかこの遺伝子がない場合、その人は予期せぬご利益を得る。彼らはマラリアに対する耐性を持っているのだ。

　先の D&D システムの例で言えば、これは、一方のコピーにだけ存在するなら利益になるが、2 つのコピーともに乗数なら深刻な障害がもたらされる、「2×」乗数のようなものだ。

　これら 2 つの病気は、遺伝的多様性が大切である理由のひとつを説明してくれる。突然変異はいたるところで起こるが、余分な染色体があることで、突然変異の影響が和らげられる。人間の集団は近親交配を避けることによって、有害で稀にしか起こらない突然変異が染色体の二親どちらの側でも起こる確率を下げているのである。

近交係数

　ある人間の染色体のうち、2 つのコピーがまったく同じである可能性があるものの割合をパーセントで表した数を、生物学者は「近交係数」と呼んで使っている。親族ではない両親から生まれた子どもの近交係数は 0 だが、持っている染色体がすべてまったく同じ DNA 鎖のペアになっている子どもの近交係数は 1/2 だ。

　こうして、そもそもの質問への答にたどり着いた。自己

受精した親から生まれた子どもは、その親の深刻な遺伝子損傷を受けたクローンのようなものになりそうだ。親は、子どもが持つ遺伝子をすべて持っているが、子どもは親が持つすべての遺伝子を持ってはいないだろう。その子どもの染色体の半分は、「パートナー」染色体を自分のコピーで置き換えられている。

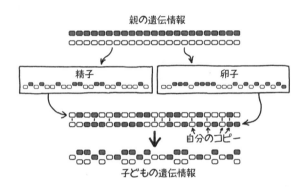

　つまり、自己受精で生まれた子どもの近交係数は 0.50 だということだ。係数 0.50 はひじょうに高い。3 世代連続で兄弟姉妹どうしで結婚した結果生まれる子どもの近交係数である。D・S・ファルコナーの『量的遺伝学入門』によると、近交係数が 0.50 だと、IQ が平均 22 ポイント低下し、10 歳時の身長が約 10 センチメートル近く低くなるという。受精して胎児ができても出産まで生き延びない可能性が極めて高い。
　このような近親交配が、血統を「純粋」に保とうとした王族たちによって行なわれたことはよく知られている。ハ

プスブルク家は、13世紀に始まった貴族の家系で、ヨーロッパで絶大な勢力をふるったが、いとこ婚を繰り返したことが特徴的だ。挙句の果てに誕生したのがスペインのカルロス2世だ。

カルロス2世の近交係数は0.254で、兄弟姉妹間に生まれた子どもの近交係数（0.25）よりも少し高かった。彼はさまざまな身体的・精神的障害に苦しみ、奇妙な（そしてほとんど無能な）王だった。あるとき、親族の遺体を掘り出すよう命じたが、それは自分がそれらの遺体を見たいがためだったと伝えられている。彼には子どもができなかったので、スペイン・ハプスブルク家の血筋は途絶えた。

このように自己受精はリスクを伴う戦略で、大型で複雑な生物では性交が一般的なのもこのためだ。[3] 無性生殖をする複雑な生物も多少は存在するが、どちらかといえば稀だ。[4] 無性生殖は、資源不足、集団の孤立などの理由で有性生殖が困難になった環境で行なわれる。

（3）理由はほかにもあるが。
（4）「トレンブレイサンショウウオ」は、サンショウウオの種間雑種で、まったく自己受精だけで生殖する。このサンショウウオはメスしか存在しない種で、普通は2組のはずの染色体を3組持っている。繁殖する際、近い種のオスのサンショウウオとのあいだで求愛行動を行ない、その後自己受精卵を産む。求愛行動を交わしたオスのサンショウウオは、そのことからは何も得ない。産卵を誘発するために利用されただけである。

生命は道を見出す。

そうそう、大胆きわまりないテーマパークの運営方針にしたがって無性生殖が利用された、という例もありましたね。

高く投げる

質問． 人間は、物をどれくらい高く投げられますか？
——マン島のアイリッシュ・デイヴ

答．

人間は物を投げるのが得意だ。実際、ひじょうにうまいと言っていい。人間のように物をうまく投げられる動物はほかに存在しない。

確かに、チンパンジーは糞を投げる（まれに石を投げることもある）が、人間の正確さには程遠い。アリジゴクは砂粒を投げるが、狙いはつけられない。テッポウウオは昆虫に水を飛ばして狩りをするが、使うのは手ではなく、特殊な形をした口だ。サバクツノトカゲは目から血を噴射し、1.5メートル先の距離まで飛ばすことができる。サバクツノトカゲが何のためにこんなことをするのか、私は知らない。というのも私は、なにかの記事でこのトカゲが「目から血を噴射する」と書いてあるのを読むたびにそこで引っかかってしまい、その文章をじっと見つめるのだが、結局我慢できずに目をそらしてしまうからだ。

「うわぁ ーーーーーー!!!」

このように、物を投げたり飛ばしたりする動物はほかにもいるが、いろんなものを手にとって、目標物をそこそこ確実にしとめることができるのはわれわれ人間だけだと言っていいだろう。実際、人間が物を投げる能力はひじょうに優れているので、現生人類の脳が進化した際、石を投げるという行動が中心的役割を果たしたのではないかと考える研究者たちもいる。

　物を投げるのは難しい。[1] ピッチャーの投げたボールがバッターのところまで届くためには、手を振り下ろす過程のなかでここぞという瞬間を正確に捉え、そこでボールを放さなければならない。1ミリ秒の半分でもタイミングがずれれば、ボールはストライクゾーンから外れてしまう。

　これがどれくらい難しいことか、もう少し実感しやすいように説明してみよう。最速の神経インパルスが腕の長さを伝わるには約5ミリ秒かかる。これはつまり、振られている腕がボールを手放す正しい位置に向かっているときに、ボールを手放すための信号がすでに手首まで来ていなければならないということだ。これは、タイミングという意味では、ドラム奏者にビルの10階からスティックを落として、ドラムが鳴るべき瞬間に、地面に置かれたドラムに当てろと言うようなものである。

人間は、物を上に投げるよりも前に投げるほうが得意なようだ(2)。今知りたいのは人間が投げ上げられる高さの限界なので、前に投げれば上向きにカーブするものを投げればいいだろう。私が子どものころ持っていた、エアロオービターという三角形のブーメランはしょっちゅう、ものすごく高い木のてっぺんにひっかかっていた(3)。しかし、こんな装置を使えば、やっかいな問題はすべて避けることができるだろう。

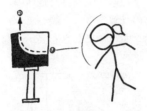

4秒後に野球のボールを自分の頭にぶつけるための装置

体操などで用いる跳躍板、グリースを塗った滑り台、あるいは、高いところからぶらさげた紐など、物体に速度を与えたり、逆に持っている速度を奪ったりしないで進行方向を上に変えられるものであれば何でも利用できる。もちろん、こんな装置も試すことができる。

---

(1) 典拠：私のリトルリーグでの経験。
(2) 反例：私のリトルリーグでの戦歴。
(3) あるとき高いところに引っかかって、その後ずっとそこにある。

私は、さまざまな速度で投げた野球のボールに対する基本的な空気力学の計算をざっと調べてみた。それでわかったことを、キリンを単位に高さを表示しながら紹介していこう。

平均的な人間は、少なくともキリン3頭の高さまで野球のボールを投げあげることができるだろう。

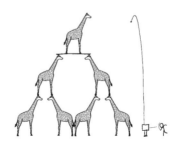

腕におぼえのある人なら、キリン5頭分の高さまで届かせられるだろう。

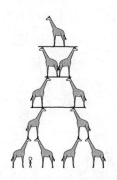

時速130キロメートルの速球を投げられる投手の球は、キリン10頭分の高さまで届くだろう。

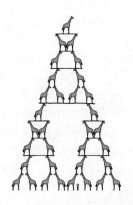

54 WHAT IF? Q2

　球速世界最高記録（時速105マイル、すなわち時速169キロメートル〔その後本人がこれを破る106マイル／170.6キロという記録を出している〕）保持者のアロルディス・チャップマンは、理論的にはキリン14頭分の高さまで野球のボールを投げ上げられる。

　だが、野球のボール以外のものを投げる場合はどうだろう？　投石器（ぱちんこ）、クロスボウ、ハイアライというスペイン発祥のスポーツでボールを投げるのに使う、湾曲したバスケットの「システラ」などの道具の助けを借りれば、それよりもっと速く物を飛ばすことができる。しかし、今回は素手で投げることだけを考えよう。

　野球のボールは、投げて飛ばすに理想的な物ではないかもしれないが、ほかのものを投げたときの速度に関するデータはなかなか見つからない。だが都合のいいことに、イギリスの槍投げ選手、ロアルド・ブラッドストックは「手

当たり次第物を投げる競争」を主催して、彼自身、死んだ魚から本物の台所用流し台まで、あらゆるものを投げた。ブラッドストックの経験から役に立つデータがたくさん得られる[(4)]。とりわけ、投げたとき野球ボールよりも良い飛び方をしそうな物がひとつあるとわかる。それはゴルフボールだ。

ゴルフボールを投げたことで記録に残っているスポーツ選手はあまりいない。幸い、ブラッドストックについては記録されており、それは 170 ヤード（約 155.4 メートル）である。助走を付けて投げたのだが、それでも、ゴルフボールは野球ボールよりも投げるのに都合がいいかもしれないと考える理由にはなる。物理の立場から言っても、理屈にあったことだ。野球のボールを投げるときに制約となる因子はひじのトルク（回転モーメント）だが、ゴルフボールは軽いので、投球する腕を野球のボールを投げるときよりも少し速く動かせる可能性があるのだ。

野球のボールの代わりにゴルフボールを使うことによる速度の向上は、それほど大きくはないだろうが、プロ野球のピッチャーが少し時間をかけて練習すれば、ゴルフボールを野球ボールより速く投げられるようになる可能性はありそうだ。

だとすれば、空気力学的計算に基づいて、アロルディス・チャップマンはゴルフボールをキリン 16 頭ほどの高さまで投げ上げることができるだろう。

（4） それ以外にもたくさんの情報が得られる。

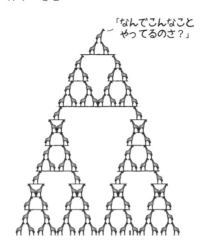

「なんでこんなこと やってるのさ?」

　おそらく、これが人間が物を投げ上げられる可能性がある最高の高さの値だろう。
　……どんな5歳児でもこれらの記録を軽々と超えられる、あの方法を勘定に入れなければね。

死ぬほどのニュートリノ

質問. どのくらい超新星に接近したら、致死量のニュートリノ放射を浴びられますか？

——ドナルド・スペクター博士

答.

「致死量のニュートリノ放射」というのは妙な表現だ。この質問を読んだあと、しばらく頭の中で、あれこれ考えさせられてしまった。

あなたが物理屋さんでなかったら、そんなに妙には感じないかもしれないので、これのどこがそんなにヘンなのか、少しご説明しよう。

ニュートリノは世界と関わりあうことがほとんどない幽霊のような粒子だ。あなたの手を見てほしい。毎秒約1兆個のニュートリノが太陽からやってきて、その手を通過している。

はい、もう手を見るのはやめていいですよ。

そんな大量のニュートリノが通過しているのに気づかないのは、ニュートリノが普通の物質はほとんどすべて無視してしまうからだ。そんな大量の流れのうち、平均で、2、

3年に1度、あなたの体内の原子1個にニュートリノ1個が衝突するにすぎない。[1]

実際ニュートリノはほとんど何にも捉えられないので、地球全体がニュートリノにとっては透明である。太陽から流れてきたニュートリノのほとんどすべてが何の影響も受けずに地球をまっすぐ通り抜けていく。ニュートリノを検出するために巨大なタンクが建造され、そのなかにニュートリノを捉えてくれるはずの物質（超純水）を数百トン詰めて、太陽からやってきたニュートリノが1個そこに衝突するのを検出できることを願って人々が待ちかまえている（岐阜県に東大宇宙線研究所が設置しているスーパーカミオカンデのことかと思われるが、使用されている超純水は5万トン）。

これはつまり、粒子加速器（ニュートリノを作り出す）がニュートリノ・ビームを世界のどこかほかのところにある検出器に送りたいと思ったら、その加速器はその検出器にまっすぐ向けてビームを発射すればそれでいいということになる——たとえそれが地球の反対側にあったとしても！

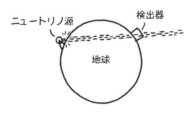

───────────────────────

（1） あなたが子どもなら、ニュートリノが衝突する原子が少ない分、この回数はもっと少なくなる。統計的に言って、あなたが初めてニュートリノと相互作用するのは10歳ごろのことだ。

こういうわけなので、「致死量のニュートリノ放射」という言い方がひっかかるのだ。量の尺度がどうしたって合わない。「鳥の羽1枚でぼくを倒してごらん」とか、「アリで超満員になったフットボール・スタジアム」といった表現みたいなものだ(2)。あなたが数学の素養をお持ちなら、「$\ln(x)^e$」という表現を見たときと同じような感覚と言えばおわかりになるだろう。「$\ln(x)^e$」は、定義どおりに受け止めれば別におかしいところはないのだが、この関数があてはめられる状況を思い描くのは難しい(3)。

それと同じで、たった1個のニュートリノを物質と相互作用させるに十分な量作り出すだけでも難しい。そんなニュートリノが、あなたを傷付けられるほど大量に存在する状況を思い描こうとしても、どうにも変な感じだ。

確かに超新星(supernovae)はそんな状況を提供してくれる(4)。私にこの質問を送ってきたホバート・アンド・ウィリアム・スミス・カレッジの物理学者、スペクター博士は、超新星に関連する数量を見積もる際に自分で使う経験則を教えてくれた。「超新星がいかに大きいと思おうが、実際の超新星はそれよりも大きい」というのがそのルールだ。

あなたに尺度の感覚をつかんでもらうために、次の質問を考えてみてほしい。明るさをあなたの網膜に入るエネ

---

(2) これでも世界のアリの1パーセントにもならない。
(3) 微積分学の1年めのコースを受講している学生にいじわるしたければ、$\ln(x)^e dx$ の導関数は何かなと尋ねてみるといい。「1」になりそうな気がするが、じつはそうではない。
(4) 複数形は「supernovas」でもよい。「supernovii」はお勧めしない。

ギー量としてとらえたとき、次の2つではどちらが明るいだろう?

太陽と同じ距離地球から離れたところにある超新星か、それとも、あなたの目に押し付けられた水素爆弾の爆発か?

ちょっと、早く爆発させてくれないかな? こいつはちょっとヘヴィーだよ。

スペクター博士の経験則を当てはめると、超新星のほうが明るいことになる。そして実際そうだ……。超新星のほうが9桁も明るい。

今回の質問の妙味はここにある。超新星はとほうもなく大きく、ニュートリノはとほうもなく小さくて捉えようがない。この両極端にとほうもない2つが、いったいどこでちょうどつりあって、人間の尺度で影響を及ぼせるというのだろう?

答は放射線の専門家、アンドリュー・カラムの論文を見ればわかる。それによれば、ある種の超新星爆発では恒星の中心核が崩壊して中性子星ができるが、このとき、10^{57}個のニュートリノが放出されうる(その恒星内に存在する

すべての陽子が崩壊して中性子になる)。

カラムによれば、1パーセクの距離でのニュートリノ放射の強さは約0.5ナノシーベルト、すなわち、バナナを1本食べて取り込む放射線量の500分の1だ。

致命的な放射線量は約4シーベルトである。逆2乗法則を使えば、次のように放射線量を計算することができる。

$$0.5\text{ナノシーベルト} \times \left(\frac{1\text{パーセク}}{x}\right)^2 = 5\text{シーベルト}$$

$$x = 0.00001118\text{パーセク} = 2.3\text{AU}$$

これは、太陽と火星の距離より少し長い。

中心核が崩壊して中性子星になるのは巨星だけなので、あなたがこの距離から超新星を観察したとすると、あなたはおそらくその超新星を生み出した恒星の外層のなかにいるだろう。

---

(5) 3.262光年、あるいは地球=アルファ・ケンタウリ星間の距離より気持ち短め(その下にあるAUは天文単位とも言い、1AU=約1.5×10^{11}m)。
(6) http://xkcd.com/radiation の「線量表(Radiation Dose Chart)」参照。

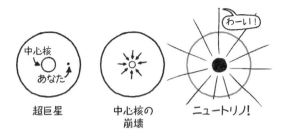

GRB 080319Bはこれまでに起こった最も激しい現象だ。とりわけ、そのすぐ隣でサーフボードを使って波乗りしていた人たちにとっては。

　ニュートリノ放射による被害について考えると、超新星がいかに大きいか、認識が一層深まる。あなたが1天文単位の距離にある超新星を観察し、どういうわけか焼き尽くされず、蒸発もせず、また何か風変わりなプラズマになることもなかったとしたら、捉えようのないニュートリノの洪水さえもが、あなたを殺せるほど十分高密度になるだろう。

　十分な速さがあれば、1枚の羽だってあなたを確実に倒せる。

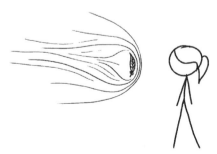

〈ホワット・イフ?〉のウェブサイトに寄せられた 変な(そしてちょっとコワい)質問 その8

質問. 腎単位(ネフロン)の尿細管の再吸収機能を阻害するが、濾過機能には影響しないという毒素があるとして、このような毒素が及ぼしうる短期的影響にはどのようなものがありますか?
——メアリー

質問. ハエトリグサが人間を食べることができるとすると、人間が完全に水分を抜き取られ吸収されてしまうのにどれくらいの時間がかかりますか?
——ジョナサン・ワン

(訳注:ボバ・フェットは〈スター・ウォーズ〉シリーズに登場する賞金稼ぎ。『ジェダイの帰還』でサルラックという若干の知性を持つ宇宙生命体に飲み込まれる)

スピードバンプ

質問. 車でスピードバンプに乗り上げても死なずに済む速度は最高でどのくらいですか？

―――マイアリン・バーバー

運輸省、州間高速道路にスピードバンプ設置のはこび
「どのような結果になるか、様子を見ましょう」

答.

これがびっくりするほど速い。

最初にお断りしておく。この答を読んだあとで、猛スピードでスピードバンプを通過しようとしないように。それには、たとえばこんな理由がある。

- 誰かをひき殺す危険性がある。
- タイヤやサスペンションが壊れ、また、車全体が壊れる可能性もある。
- 本書に収められた疑問への私の答を1つでも読まれたなら、そんなことは怖くてできないはずだ。

ダメ押しで、スピードバンプで起こった脊髄損傷に関する医学誌の記事の引用をいくつかお目にかけておく。

胸腰部X線撮影およびコンピュータ断層撮影による検査の結果、4人の患者に圧迫骨折が認められた……。後方アプローチによる脊椎インストゥルメンテーショ

ン（金具などを挿入して固定する手術）が施された……。頸椎骨折の1名をのぞき、患者らは良好な回復を示した。

第1腰椎は椎骨のなかでは最も頻繁に折れる（23/52、44.2パーセント）。

臀部に現実的な特性を持たせることによって、第1垂直自然周波数を12から5.5へ低下させることができた。これは諸文献に一致する。

（最後のものは、スピードバンプによる負傷と直接の関係はないが、どうしても載せたかったので）

通常の小さいスピードバンプで死ぬことはおそらくないと思われる

スピードバンプとは、ドライバーに速度を落とさせる目的で設計され、道路に設置された突起物だ。普通のスピードバンプを時速5マイル（時速8キロメートル）で通過しても、少し跳ねるだけだが、時速20マイル（時速32キロメートル）で通過するとかなり大きな揺れを感じる。時速60マイル（時速96キロメートル）で通過すると、速度に比例して大きな揺れが生じるだろうと思うのも当然だが、たぶんそ

（1） 物理学徒の常識として、計算はすべてSI単位系で行なうのが常だ。しかし私はアメリカのスピード違反切符をあまりにたくさん切られたため、この質問には時速何マイルという単位でしか答えられない。この単位が脳裏に焼きついてしまっているので。ごめんね！

うはならないだろう。

先に引用した医学専門誌の記事からわかるように、スピードバンプでの負傷はときどき起こっている。しかし、これらの負傷者はほとんどすべて、特定の範疇の人だ。それは、整備の悪い道を走っているバスの後部で硬い座席に座っている人々である。

車を運転しているとき、道路の凹凸からあなたを守ってくれている主な2つのものは、タイヤとサスペンションだ。どんな猛スピードでスピードバンプを通過しようと、バンプが大きくて車体そのものに接触するようなことがなければ、これら2つのシステムが揺れを吸収してくれて、負傷することはおそらくない。

衝撃を吸収することは、これらのシステムそのものにとっては必ずしもいいことではない。タイヤの場合、破裂することによって衝撃を吸収する場合もある。バンプがタイヤのホイールリム自体に衝撃を与えるほど大きい場合、自動車の重要な部分が何カ所も、修復不能な損傷を受ける恐れがある。

一般的なスピードバンプは高さが3、4インチ（約7.5から10センチ）だ。これは、平均的なタイヤのクッションの厚さ（リムの最下部と地面との距離）でもある。これはつまり、自動車が小さなスピードバンプを通過するとき、タイヤが圧縮されるだけで、バンプがリム自体にぶつかりはしないということだ。

（2）　「時速60マイルで縁石に乗り上げる（hit a curb at 60）」で検索してみてほしい。

（3）　車はどこにでもある。定規を持って外に行き、確かめてほしい。

標準的なセダンの最高速度は時速120マイル（時速約193キロメートル）である。このスピードでスピードバンプを通過すると、何らかの理由で車のコントロールを失い、何らかの事故を起こすだろう[(4)]。しかし、スピードバンプにぶつかったことによる揺れ自体は、おそらく命にかかわるようなものではない。

　もっと大きなスピードバンプ——スピードハンプ（スピードバンプを大型化したもので、長さが4メートル程度あり、幅も道幅いっぱいに作られる）やスピードテーブル（スピードハンプを長くしたもので、上面が平坦な部分が長くなっている）のようなもの——に出くわした場合は、あなたの車にはもっと過酷な運命が待ち受けているだろう。

絶対に死んでしまうスピードはどのくらいか？

　仮に自動車が自分の最高速度よりも速く進むことができたなら何が起こるかを考えてみよう。平均的な現代車の最高速度は時速約120マイル（時速約193キロ）で、最も速い車では時速約200マイル（時速約320キロ）だ。

　たいていの乗用車では、エンジンのコンピュータから何らかの人工的な速度制限がかかっているが、自動車の最高速度の物理的極限は、空気抵抗によって決まっている。この種の抵抗は、速度の2乗に比例して増加するので、ある速度に達すると、車はそれ以上速度を上げて空気をかきわ

（4）　高速では、スピードバンプを通過しなくても、車のコントロールを失いやすい。ジョーイ・ハニーカットが運転していたシボレー・カマロは、彼が時速220マイルでクラッシュしたおかげで焼け焦げの残骸と化した。

けて進むだけのエンジン出力ができなくなる。

もしもあえてセダンをその最高速度よりも速く走らせたとすると——相対論的野球のときに使った魔法の加速器をもう一度使うなどして——、スピードバンプなど問題としては取るに足らないものになるだろう。

自動車は揚力を生み出す。自動車の周囲を流れる空気は、自動車に対してありとあらゆる力を及ぼす。

この矢印、いったいどこからこんなに湧いて出た？

高速道路での普通の走行速度では、揚力はそれほど問題にならないが、さらに速度が増すと、大きな影響を及ぼしてくる。

ウィングを備えたF1カーでは、この力は下向きに働き、車を走路に押さえつける。しかしセダンでは、この力は車を持ち上げる方向に働く。

NASCAR（全米自動車競走協会）主催のストックカーレース・ファンのあいだでは時速200マイルのことを、車がスピンした場合に車体が風圧で持ち上がる現象が起こる最低速度として「離陸速度」と呼んでおり、スピン事故の際などしばしば話題にのぼる。ほかの自動車レースでも、空気

力学の予測を誤ったために、車が壮絶な後方宙返りをして大破する事故がしばしば起きている。

結論はこうだ。時速150から300マイルの範囲では、一般的なセダンは、路面から浮き上がり、宙返りし、大破する……スピードバンプに出くわす前に。

速報:小児1名および自転車バスケット内の地球外生物、車にひかれて死亡。

仮に車が宙に浮くのを抑えたとしても、この範囲の速度で生じる風の力で、ボンネット、サイドパネル、ウィンドウは剝ぎ取られてしまうだろう。さらに高速になると車そのものが分解され、大気圏に再突入する宇宙船のように燃え上がる可能性もある。

究極の限界はどこ？

ペンシルベニア州では、スピード違反をしたドライバーは、制限速度を時速1マイル超えたごとに2ドルずつスピード違反切符に罰金が加算される。

したがって、あなたが同州の、たとえばフィラデルフィアで光速の90パーセントの速度で車を走らせていたとすると、あなたは街を1つ破壊してしまうことに加え……

「起訴状によるとあなたは制限速度時速55マイルのところ、時速6億7000万マイルで走っていたそうですね？」

「ほんの一瞬ですよ」

……11億4000万ドルのスピード違反切符を切られることだろう。

迷える不死の人々

質問. 2人の不死の人が、地球に似た誰も暮らしていない惑星の、互いにちょうど真裏にいたとします。この2人が出会うにはどれくらいの時間がかかるでしょうか?
10万年?
100万年?
それとも一千億年でしょうか?

——イーサン・レイク

答.

まず、物理学者がいつも使う考え方で出した単純な答(1)をご紹介して、これをたたき台にしよう。物理屋の答は3000年だ。

2人の人間が、球状世界の表面を1日あたり12時間でたらめに歩き回っており、また、お互いに気づくためには1キロメートル以内に入らねばならないと仮定した場合、2人が出会うためには、だいたいこれぐらいの時間がかかる。

このモデルにいくつか問題があることはすぐにわかる。すぐに気づく問題点が、「1キロメートル以内に誰かがやってきたなら必ずその人に気づく」という仮定だ。これこそ、ご都合主義の極致と言えよう。尾根に沿って歩いている人間は1キロ離れたところから見えるだろうが、暴風雨の最中、深い森のなかでは、わずか2、3メートルのところにいる相手に気づかずすれちがいになる可能性が高い。

地球上のあらゆる場所について、平均視界を計算してみてもいいのだが、たとえそうしたとしても、別の問題にぶつかる。「互いに相手を見つけ出したいと思っている2人の人間が深い森で時間を費やしたりするだろうか？」という問題だ。2人とも、相手も見つけやすく、自分も目につきやすい、開けた平らな場所にいるほうが理屈にあっているのではなかろうか。

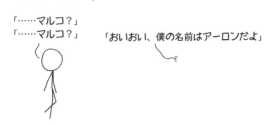

―――――――――――――――――――――――――
（1） 何でもマルや球にして考える物理学者らしく、球形をした不死の人が真空中にいると仮定する。
（2） たとえば、ほかの人たちはみんなどうしたのか、その人たちは大丈夫なのか、とか。
（3） しかし、視界の計算は実際面白そうだ。今度の土曜日の晩、やることが決まったよ。

しかし、この2人の心理状態を考えると、この「真空中にいる球形をした不死の人」モデルそのものが無理に思えてくる。どうしてこの2人がでたらめに歩き回ると仮定しなければならないのだろう？　相手を見つける最善の戦略は、こんなものではないはずだ。

　2人の迷える不死の人にとって、どんな戦略が一番理屈に適うのだろう？

　2人に前もって計画を立てる時間があるなら、話は簡単だ。北極か南極で会うとか、極地に行けないなら、陸地のなかで一番高いところや、一番長い川の河口で会うなどと、前もって示し合わせておける。何かあやふやなところがあっても、可能性のある地点を順不同に巡っていけばいい。なにしろ時間はたっぷりあるのだから。

　事前にやりとりする機会がない場合、状況は少し厳しくなる。相手の戦略がわからないなら、自分がどんな戦略をとるべきか、どうやって決めればいいだろう？

　携帯電話が普及するずっと前の時代の、古いなぞなぞが1つある。こんな内容だ。

　　あなたはある友だちと、2人ともまだ行ったことのないアメリカのある町で会おうとしていると仮定しよう。どこで会うかを前もって具体的に決める機会はない。さて、あなたはどこへ行きますか？

このなぞなぞの作者が考える理屈に適った答は、その町

（4）だから普通、人はこんなふうには考えない。

の中央郵便局に行き、よその町からの荷物が到着する中央引受窓口で待つ、というものだ。アメリカ合衆国のどんな町にも必ず1カ所あるのは、中央郵便局中央引受窓口だけだし、ここなら誰でもすぐに見つけられる、というわけだ。

私は、この言い分はあまり説得力がないように思う。それに何よりも、実証実験に耐えられないだろう。私は何人もの人に訊いてみたが、郵便局に行けばいいと答えた人はいなかった。このなぞなぞを最初に作った人は、郵便仕分け室で一人ぼっちでいつまでも待っていることになりそうだ。

「少なくとも一生かけて食べるだけの郵便物はあるよ」

私たちが今考えている、迷える不死の人々は、これよりも難しい状況にいる。というのも、彼らは自分たちがいる惑星の地理をまったく知らないからだ。

海岸線に沿って進むというのは、理屈に合った戦略のようだ。たいていの人間は水の近くで暮らしているし、面の中を探し回るよりも線に沿って探したほうがはるかに早い。当てが外れたとしても、先に内陸を探したときにくらべて時間のロスは少なくてすむ。

地球の陸地の「幅対海岸線長さ」の比に基づいて、平均的な大陸をつぶさに歩き回るのにかかる時間を見積もると、約5年となる(5)。

あなたともうひとりの人が、同じ大陸にいるとしよう。2人とも反時計回りに歩くとすると、2人は互いに相手を

見つけることなく、永遠にぐるぐる回りつづけることになる。これは困った。

さもなくば、こんなやり方はどうだろう。まず反時計回りに1周する。次にコインを1枚投げる。表が出たら、もう一度反時計回りに1周する。裏が出たら、時計回りに1周する。2人がこの同じアルゴリズムに従うなら、かなりの確率で、これを2、3度繰り返すあいだに出会えるだろう。

2人が同じアルゴリズムに従うという仮定は、ちょっと甘いかもしれない。幸い、もっといい解決法がある。それは、アリになることだ。

私ならこうするというアルゴリズムをご紹介しよう（もしもどこかの惑星で私とはぐれたら、これを思い出してほしい！）。

あなたが情報を一切持っていないなら、でたらめに歩きながら、歩いた跡がわかるように、目印になる石を置いていく。石は必ず次の石のある方角を示しているとする。1日歩いたら、3日間休む。ときどき、石の道標に日付を記すこと。一貫性さえあれば、どんな方法で記してもいい。石の表面に日付を刻み込んだり、いくつもの石を数の形に並べたりしてもいい。

それまでに見たどの目印よりも新しい目印が見つかった

（5） もちろん、このペースでは歩けない場所も多々ある。ルイジアナ州のバイユーや、カリブ海のマングローブなどの湿地や、ノルウェーのフィヨルドなどでは、普通の海岸を歩くよりもかなりゆっくり歩かねばならないだろう。

なら、その目印をできる限り速くたどる。目印がわからなくなって追跡できなくなったら、また自分自身が歩いた目印を残す作業に戻る。

相手の人間の現在の位置にぶちあたる必要はない。相手が過去にいた位置を見つければいいのだ。それでも2人が円を描いて追いかけあう状況にはまってしまう可能性もまだあるが、自分の目印を残しているときよりも、相手の目印を追跡しているときに、必ずより速く動くようにしていれば、数年または数十年のうちにお互いを見つけられるだろう。

相手が非協力的な場合でも——自分の出発地点でずっと座って、あなたを待っているなど——、何か、めったに見られない素晴らしい光景を楽しめるよ、きっと。

軌道速度

質問. 宇宙船が大気圏に再突入するとき、マーズ・スカイクレーン（NASAが火星探査ローバー、キュリオシティを火星に下ろす際に使うシステム）のように、ロケットブースターを使って時速3～5キロまで減速したらどうでしょう？ 熱シールドは要らなくなるのではないでしょうか？
——ブライアン

質問. 大気圏に再突入するとき、大気が圧縮されないように宇宙船側で制御して、高価な（そしてあまり丈夫でない）熱シールドを外側に貼らなくてもいいようにできないでしょうか？ ——クリストファー・マロー

質問. （小さな）ロケットを（ペイロードを積んだ状態で）大気圏の上層に打ち上げるとします。十分高いところまで打ち上げられたら、その小さなロケットだけで脱出速度に到達できないでしょうか？
——ケニー・ヴァン・デ・マーレ

答.

　これらの質問への答はすべて、あるひとつの考え方から導き出せる。それは、これまでにも、ほかの質問に答える際に何度か触れたことがある考え方なのだが、ここでは特にその考え方だけを取り上げてお話ししようと思う。

　地球を回る軌道に達するのが難しいのは、宇宙が高いところにあるからではない。

　軌道に達するのが難しいのは、猛スピードを出さなければならないからだ。

　宇宙はこんなふうにはなっていない。

実際の比率ではありません。

宇宙はこんなふうになっている。

あのね、これがほんとうの比率だよ。

宇宙までの距離は、約100キロメートルだ。これは遠い。はしごを登って宇宙に行くなんて私はごめんだ。だが、ものすごく遠くはない。サクラメント、シアトル、キャンベラ、コルカタ、ハイデラバード、プノンペン、カイロ、北京、日本のど真ん中、スリランカの中央部、ポートランドなどにいる人にとっては、宇宙は海よりも近い。

宇宙に行くのは難しいことではない。(1)自分の車に乗って行けるわけではないが、たいへんな難題というわけでもない。電柱ぐらいの大きさのロケットで人間をひとり宇宙に連れていくことができる。X15実験機は、ただものすごいスピードで飛んで、それから上に向かって進むだけで宇宙に達した。(2)(3)

あなたは今日宇宙へ行って、すぐに戻ってくるだろう。

（1） 特に、低地球軌道と呼ばれる、国際宇宙ステーションがあって、輸送機が地球から定期的に訪れている軌道はそうだ。

このように、宇宙に到達するのは難しくない。問題なのは、宇宙に留まることだ。

　低地球軌道の重力は、地表での重力とほとんど同じぐらい強い。国際宇宙ステーション（ISS）は地球の重力に縛られたままだ。私たちが地表で感じている重力の約90パーセントの強さの重力で引っ張られている。

　落ちて大気圏に戻ったりしないためには、横方向に、ものすごいスピードで飛ばなければならない。

　軌道に留まるために必要な速度は、秒速約8キロメートルだ。実のところ大気圏の外まで上昇するために使われるロケットのエネルギーは、ごく一部に過ぎない。エネルギーの大部分は軌道速度（横方向の）を出すために使われるのだ。

　じつは、軌道に達する際の最大の問題が、このことから生じている。軌道高度に達するためよりも、軌道速度に達するために費やす燃料のほうが多いというのがその問題だ。1機の宇宙船のスピードを秒速8キロメートルまで上げるには、何基ものブースター・ロケットが必要だ。軌道速度に達するだけでも十分難しいのに、大気圏に戻ってくるときに減速できるだけの燃料を運びながら軌道速度に達するなど、非現実的にもほどがある。

（2）　X15は2度高度100キロメートルに達した。どちらもテストパイロットのジョセフ・ウォーカーが操縦していた。
（3）　必ず下向きではなく上向きに進むこと。さもないとひどい目に遭う。
（4）　低地球軌道のなかでも高い範囲にいるなら、速度はもう少し低くなる。

このように、ブースター・ロケットを使うには度外れた量の燃料が必要なせいで、大気圏に戻ってくるすべての宇宙船で、ブースター・ロケットではなく熱シールドを使ってブレーキをかけているのである。ものすごい勢いで大気に突入することが、最も現実的な減速手段なのだ（ブライアンの質問にここでお答えしておこう。火星ローバー、キュリオシティも例外ではない。表面近くでホバリングする際には小型ロケットを使用したが、それは最初に空気ブレーキをつかって速度をあらかた落としたあとのことだ）。

それはそれとして、秒速8キロって、どれぐらい速いんだ？

　この手の問題を巡っていろいろな誤解があるのは、宇宙飛行士が軌道上にいるとき、彼らは特別速く動いているようには見えず、青いビー玉の上をゆったりと漂っているように見えるせいだと私は思う。

　だが、秒速8キロは猛烈に速い。日没直前に空を見ると、ISS が通過するのが見えることがある。そんなときは、90分後にもう一度 ISS が通過するのが見えるはずだ。この

（5）　必要な燃料が指数関数的に増加してしまうというこの事実が、ロケット工学最大の問題だ。速度を 1km/s 上げるごとに、必要な燃料は約 1.4 倍増える。軌道に達するためには、速度を 8km/s にまで上げなければならないので、ものすごい量の燃料が必要になる。具体的には、元の機体重量の、1.4×1.4×1.4×1.4×1.4×1.4×1.4×1.4 ≒ 15 倍の燃料が必要になるわけだ。ロケットを使って減速する場合も、同じ問題が生じる。速度を 1km/s 下げるごとに、最初の機体重量が先ほどと同じ 1.4 倍になってしまう。速度をゼロにまで落とし、大気圏にゆっくりと帰ってきたければ、最初に必要な機体重量が 15 倍になってしまう。

90分間にISSは世界を1周してきたのだ。

ISSのスピードはものすごく速いので、サッカー、あるいはフットボールのフィールドの一端からライフルの弾を撃ったとすると、国際宇宙ステーションは、弾が10メートル進まないうちにフィールドを端から端まで横切ってしまうだろう。

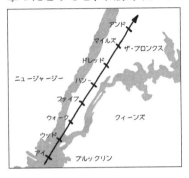

もしもあなたが秒速8キロの速さで地球の表面を歩いていたら、どんな様子になるか想像してみよう。

あなたが歩いているペースがどんなものか実感がわくように、歌の拍を使って時間の経過を計ることにしよう。1988年のザ・プロクレイマーズの曲、「アイム・ゴナ・ビー」を歌いながら歩きはじめたとする。この歌のテンポは約131.9bpm(拍／分)だ。なので、1拍ごとに3キロ以上前進している自分を思

（6） ISSや、あるいはほかの人工衛星の居場所を探すアプリケーションやオンラインツールがいくつもある。
（7） サッカーのフィールドでもフットボール・フィールドでも同じことだ。
（8） こうしたプレイはオフサイドっぽく思えるが、オーストラリア・フットボールにはオフサイドがないのでセーフ。
（9） 歌の拍を利用して時間を測るというのはハンズオンリー心肺蘇生法の市民教育でも定番で、最適なテンポを持つ曲ということで、ビージーズの「ステイン・アライヴ」が用いられる。

軌道速度 83

い浮かべてみてほしい。

この速さだと、コーラスの最初の1節を歌い終えるまでの時間に、自由の女神像からブロンクスまで歩けることになる。

1分間に地下鉄の駅を15通過するペースだ。

だいたいコーラス2節（この歌の16拍）でイギリスとフランスを隔てる英仏海峡を渡りきることができる。

実はこの歌は、たまたま面白い偶然をもたらす長さになっている。「アイム・ゴナ・ビー」フルコーラスの長さは3分30秒で、ISSは秒速7.66キロで動いている。

したがって、ISSにいる宇宙飛行士が「アイム・ゴナ・ビー」を聞いていたとすると、曲の最初のビートから最後までのあいだに……

（1000マイル歩いて、結局僕は君の家のドアの前でぶっ倒れるんだ）

……その宇宙飛行士も含め、ISSはだいたい1000マイルきっかり（約1600キロ）進むはずだ。

フェデックスのデータ伝送速度

質問. そんなことがあるとすればの話ですが、インターネットのデータ伝送速度がフェデックス(世界最大級の国際物流会社。アメリカに本社を持つ)のそれを超えるのはいつのことですか?
——ヨハン・エブリンク

「テープを山ほど積んで高速道路を猛スピードで走っていくステーション・ワゴンのデータ伝送速度を、ゆめゆめあなどってはならない」
——アンドリュー・タネンバウム
(タネンバウムはアムステルダム自由大学のコンピュータ科学の教授)

答.

数百ギガバイトのデータを送りたいなら、ファイルをインターネットで送るよりもハードディスクごとフェデックスで送ったほうが一般的に速い。これは最近言われはじめたことではなく、「スニーカーネット」(複数台のコンピュータのあいだで、データを通信ネットワークを介してやり取りするのではなく、スニーカーをはいた人間がリムーバブルメディアに保存したデータを運んでやりとりする状態を揶揄した表現)という名称で呼ばれることも多いし、あのグーグルでさえ、大量のデータを社内で移送する際、データではなくそれが記録されたブツをやりとりしている。

しかし、フェデックスは未来永劫、インターネットより速いのだろうか?

コンピュータネットワーク機器開発会社の〈シスコシス

テムズ〉によれば、インターネットを通じて送受信されるデータの総量、すなわちインターネット・トラフィックの総量は、現在平均で毎秒167テラビット（167兆ビット）だ。フェデックスが所有する航空機は654機で、1日あたりの輸送力は1万2000トン。ラップトップ型コンピュータのソリッド・ステート・ドライブ（SSD）は約78グラムで、1テラバイトまでの情報が保存できる。

したがってフェデックスは1日あたり150エクサバイト（1垓5000京バイト、150×10^{18}バイト）、言い換えれば毎秒14ペタビット（1京4000兆ビット、14×10^{15}ビット）の情報を移送できるわけだ。これは、現在のインターネットの処理能力の100倍近い量だ。

コストを気にしなければ、下の図の重さ10キログラムの靴箱にインターネットを何セットも入れることができる。

ハイエンドのSSD：136台
容量：136テラバイト
コスト：13万ドル
（別途靴代：40ドル）

データ密度は、microSDカードを使えばさらに上げられる。

microSDカード：2万5000枚
容量：1.6ペタバイト
小売原価：120万ドル

この親指の爪ほどのうすっぺらいカードの記憶容量密度は、最高で1キログラムあたり160テラバイトだ。だとすると、フェデックスの輸送機すべてにmicroSDカードを詰め込めば、毎秒約177ペタビット、言い換えれば1日あたり2ゼッタバイトのデータを移送できる。これは現在のインターネット・トラフィックの1000倍に当たる量だ(microSDカードで情報を受け取ったあとの処理をするために必要になるであろうインフラがまた興味深い。グーグルは大量のカード処理が行なえる巨大な施設をいくつも建てなければならないだろう)。

〈シスコシステムズ〉は、インターネット・トラフィックは毎年約29パーセントずつ増加していると推定している。このペースで行くと、2040年にはフェデックスの情報移送能力に到達するはずだ。もちろん、そのころまでには、1台のドライブに記録できるデータの量も増大しているに違いない。ほんとうにフェデックスの水準に達することが

できるとすれば、それはデータ伝送効率が容量の増大を上回るペースで向上する場合だけだ。直感的には、そんなことはありえないように思える。というのも、記憶容量と伝送効率は根本的に結びついているからだ。記憶されているデータはすべて、どこかからやってきて、その後どこかへ送られるのだ。しかし、実際の使用パターンを確実に予測する方法は存在しない。

フェデックスは、今後2、30年のあいだ実際の使用パターンに対応していけるだけの規模があるのは確かだが、彼らを超える転送能力を持ったデータ伝送法を新たに作り出すことはできないという技術的な理由は何もない。毎秒1ペタビットを超える情報を扱える、1本で複数本の光を伝えられる光ファイバー（マルチコアファイバー）がいろいろと実験されている。こんなファイバーが200本あれば、フェデックスを負かすことができるだろう。

アメリカの運輸業者をすべて雇ってSDカードを移送させたとすると、その移送能力は毎秒約500エクサビット（0.5ゼッタビット）となるだろう。デジタル処理でこの移送効率に対抗しようとすれば、これらペタビット・クラスのケーブルが50万本必要になるだろう。

以上のことから、結論はこうなる。フェデックスが持っている物理的な移送能力に関しては、インターネットの情報伝送速度がスニーカーネットに打ち勝つことは今後もおそらくないだろう。しかし、事実上無限大の情報移送能力を持つインターネットをフェデックス方式で実際に運用するには、8000万ミリ秒のping時間が必要になるというデメリットがある（pingとは、ネットワークの動作状況や混雑具合

をチェックするためのコマンド。8000万ミリ秒は約22時間。普通のネットワークで要するping時間は数十ミリ秒程度のようだ)。

(訳注:HALOシリーズはXbox用ゲームソフト。プラズマライフル/プラズマガンという武器がその中で用いられる)

自由落下

質問. 地球上で、飛び降りたときに一番長く自由落下できる場所はどこですか? そのときムササビスーツ(ウィングスーツとも。手と足のあいだに布を張ったスカイダイビング用のジャンプスーツ)を着ていたらどうなりますか?
――ダーシュ・シュリヴァサ

答.

地球で一番高い完全に垂直な絶壁は、カナダのトール山の西壁だ。こんな形をしている。

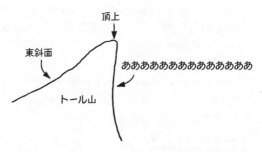

実際の音声記録:「あああ」

これはシナリオとして怖すぎるので、もう少し穏やかな話にするため、絶壁の真下に穴があり、そのなかに何かふわふわしたもの――綿菓子のようなもの――が詰まっていて、落ちてきたあなたを安全に受け止めてくれると仮定しよう。

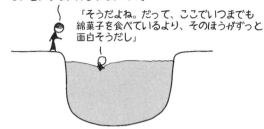

これでうまく行くのだろうか? 続きは第2巻をお楽しみに。

　両手両足を伸ばして落下する人間の終端速度は秒速55メートルぐらいだ。この速度に達するには数百メートル落下しないといけないので、下まで落ちるのに26秒を少し超えるくらいの時間がかかる。

26秒で何ができるだろう?

　まず、オリジナルのスーパーマリオワールド1－1を最後までやり通すことができる。ただし、完璧なタイミングで進み、パイプを通る近道を使うとしてだが。

　また、かかってきた電話に出損なうにも十分な時間だ。アメリカ第3位の携帯電話事業者〈スプリント〉のリング・サイクル(電話がかかってきてから留守番電話に切り替わるまでの時間)が23秒だ。[1]

　誰かがあなたに電話をかけてきて、あなたが飛び降りた瞬間に電話が鳴りだしたとすると、あなたが地面に着く3

秒前に留守番電話に切り替わる。

 一方、アイルランドにある高さ 210 メートルのモハーの断崖から飛び降りたとすると、あなたは約 8 秒しか落ちることができない。上昇気流が強ければ、もう少し長く落ちつづけられるだろうが。いずれにせよ、アメリカの SF アクション・テレビシリーズ、《ファイヤーフライ　宇宙大戦争》のヒロイン、リバー・タムによると、適切な吸引装置があれば人体からすべての血液を抜き取るには十分な時間である。

 ここまで、あなたは真下に落ちていると仮定してきた。しかし、そうでなくてもいい。

 特別な装置などまったくなくても、熟練したスカイダイバーは終端速度に達しさえすれば、45 度近い角度で滑空することができる。滑空することで断崖の真下から離れた地点まで到達できるので、その分かなり長く落下することができる可能性がある。

（1）　記録マニアのかたのために言い添えておくと、ワーグナーのリング・チクルス（Zyklus = cycle）、すなわち『ニーベルングの指環』全曲通しの演奏は、〈スプリント〉社設定のリング・サイクルの 2350 倍長い。

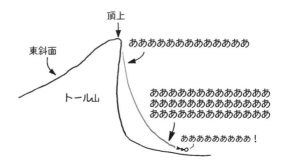

ああああああああああああああああああああああああああ
ああああ（息つぎ）ああああああああああああああああ
ああああああああああああああああああああああああああ

　具体的にどのくらい遠くまで行けるかはわからない。その場所の地形だけでなく、あなたが何を着ているかにも大きく影響される。ベースジャンピング（地上にある建物や断崖などからパラシュートで降下するスポーツ）の記録に関するウィキペディアの記事にはこうある。

　　より進歩した衣服が登場するようになってからは、ジーンズとウィングスーツの境界線が明確でなくなり、ウィングスーツなしでの最長［落下時間］記録を特定するのは困難である。

　ならばわれわれもウィングスーツを検討してみよう。パラシュートとパラシュート・パンツの合いの子だ。
　ウィングスーツを着れば、はるかにゆっくりと落下できる。あるウィングスーツ・ジャンパーが、数回のジャンプ

で記録した追跡データをウェブで公開している。それによると、滑空するときにウィングスーツを着ていると毎秒18メートルというゆっくりしたペースで高度を下げることができることがわかる。秒速55メートルに比べれば大幅な改善だ。

水平方向の移動距離を無視しても、落下時間は1分以上にまで延長される。チェスのゲームが1回できる時間だ。また、R.E.M. の「世界の終わる日」（まさにぴったりの曲だ）の最初のひと区切りを歌い切り、続いてスパイス・ガールズの「ワナビー」（こちらはどうかと思うが）ラストのブレイクダウン・パートを歌い切るに十分な時間でもある。

水平方向に滑空できるとすれば、もっと高い断崖も使えるわけで、すると、落下時間は一層長くできる。

ウィングスーツを着てダイブすると、きわめて長いフライトを楽しませてくれそうな山がたくさんある。たとえば、パキスタンのナンガ・パルバットには、3キロメートル以上の落下を楽しめるかなり急傾斜の崖がある（これほどの高度になると空気は相当希薄だが、意外にもウィングスーツはちゃんと機能する。ただし、ジャンプする人間はおそらく酸素ボンベが必要だろうから、その分滑空速度は少し速くなるだろう）。

現在、ウィングスーツ着用ベースジャンプの最長記録は、ディーン・ポッターが保持している。彼はスイスのユング

フラウ3山のひとつ、アイガーからジャンプし、3分20秒間飛んだ。

　ダイバーが落下するこの3分20秒、どう使うのがいいだろう？

　私たちが、世界最高のフードファイター、ジョーイ・チェスナットと小林尊(たける)を雇ったとしよう。

　彼らがフルスピードでホットドッグを食べながらウィングスーツを操作できる方法を見出せたとし、そして2人がアイガーからジャンプしたとする。理屈のうえでは、2人は落下する3分20秒のあいだに45個ものホットドッグを食べきることができる……

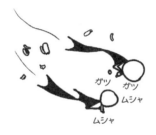

　……そうなれば、2人が史上最も奇妙な世界記録の保持者になることだけは請け合いだ。

〈ホワット・イフ?〉のウェブサイトに寄せられた変な（そしてちょっとコワい）質問　その9

質問. 内陸部の池に潜ったら、津波をやり過ごすことはできないでしょうか？
　　　　　　　　　　　　　　　　　——クリス・ムスカ

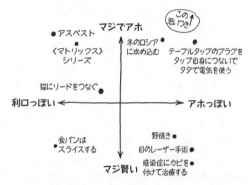

質問. 自由落下をしていてパラシュートが開かなかったとき、質量、張力その他の条件がちょうどいいスリンキー（階段をひとりでにおりたりするバネ状のおもちゃ）を持っていたとすると、スリンキーの一端をしっかり握って投げ上げれば助からないでしょうか？

——ヴァラダラヤン・スリニヴァサン

96 WHAT IF? Q2

― スパルタ ―

質問. 映画『300 (スリーハンドレッド)』では、スパルタ兵たちが空に向かって放った矢の多さに太陽が覆い隠されてしまった、という映像が出てきます。

こんなことがほんとうにできるのでしょうか？ できるとしたら何本の矢が必要ですか？

――アナ・ニューウェル

答.
このやり方でうまく太陽を覆い隠すのはかなり難しい。

試み1

大弓の射手は毎分8から10本の弓を射ることができる。物理の言葉では、これを「大弓の射手は周波数150ミリヘルツの矢生成機である」と表現する。

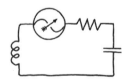

1本1本の矢が空中を飛んでいる時間はたったの2、3秒だ。1本の矢が戦場の上空にある平均時間が3秒だとすると、任意の瞬間において、射手の約半数が矢を空中に飛ばせていることになる。

1本の矢は、約40平方センチメートルの太陽光を遮る。

射手が矢を空中に飛ばせているのは半分の時間だけなので（射手が毎分10本の矢を放ち、1本の矢は3秒しか空中にないとすると、6秒のうち3秒しか空中にないことになる）、1本の矢は平均20平方センチメートルの太陽光を遮ると見なせる。

射手たちは隊列を組んでいるとする。1メートルあたり2人の射手が並んでいる列が20本1.5メートル間隔で並んでいるとしよう（したがって隊列全体の厚みは30メートル）。このとき、隊列の横幅1メートルにつき……

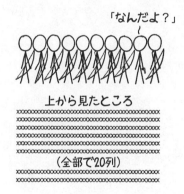

……18本の矢が空中に飛んでいることになる。

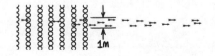

18本の矢では戦場を照らす太陽光の約0.1パーセントしか遮れない。さらに工夫が必要だ。

試み2

　まず、射手たちはもっと詰めて並ばせられる。射手たちをモッシュピット（ヘビメタのライブ会場などで生じる、観客が密集状況で体をぶつけあっている状態）の密度で立たせれば、単位面積あたりの射手の数を3倍にできる。確かに、矢を射る動作に支障が出るが、彼らはそこをうまく射る方法を見つけるに違いない。

　また、射手の隊列の厚みを60メートルに増やすこともできる。すると、1メートルあたり射手130名という密度になる。

　彼らが矢を射るスピードについてはどうだろう？

　2001年の映画『ロード・オブ・ザ・リング—旅の仲間—』のDVD限定エクステンデッド・エディションには、オークの一団が弓の名手、レゴラスに襲い掛かるシーンがある。このときレゴラスは続けざまに矢を放ち、1本で1人ずつ倒して、彼らを寄せ付けなかった。

　レゴラス役の俳優オーランド・ブルームが、そんな速さで矢を射ることができたわけではない。実際には、矢は手

（1）　大まかな目安：1平方メートルに1人ならやや混雑気味。1平方メートルに4人ならモッシュピット。
（2）　厳密に言うと、彼らは通常のオークではなくウルク＝ハイであった。ウルク＝ハイがどんな性質でどこから生じたかについては、ちょっとややこしい。トールキンは、ウルク＝ハイは人間とオークの交配で生まれたとほのめかしている。しかし、トールキンの本、『失われた物語の書』（未訳）に掲載され公開された初期の草稿では、トールキン自身がウルク＝ハイは「地熱と地球のヘドロ」から生まれたと取れるようなことを書いている。映画化にあたったピーター・ジャクソン監督は、スクリーン上で何を見せるべきかを決めるにあたり、賢明にも後者を選択した。

にせず、弓だけを持って矢を射る動作をしていただけで、その後CGIで矢を付け加えたのだ。この場面で矢が放たれたペースが見事な速さで、しかも物理的に不可能ではなさそうだと感じられて、人々に広く受け入れられたので、今われわれがやっている計算の、矢を射るペースの上限として使わせてもらおう。

というわけで、われわれの射手を訓練し、レゴラスと同じく、8秒間に7本のペースで矢を放てるようにできたとしよう。

しかし、このような条件でも、われわれの弓矢部隊は（横幅1メートルあたり339本というありえないペースで矢を射ておりながら）、太陽光の1.56パーセントしか遮ることができない。

試み3

普通の弓は全部うっちゃって、射手たちにはガトリング銃式に多数の矢が放てるガトリング弓を使わせよう。彼らが毎秒70本の矢を放てるようになったとすると、戦場100平方メートルにつき110平方メートルの矢が放たれることになる！　完璧だ。

だが問題がある。たとえ矢の断面積の総和が100平方メートルだったとしても、矢と矢が重なりあっている分も考慮しなくてはならない。

膨大な数の矢の一部が互いに重なりあうとき、矢全体が地面をどれくらいの割合で覆うかを表す式は、次のようになる。

$$\left(1 - \frac{矢の面積}{地面の面積}\right)^{矢の数}$$

110平方メートルの矢では、戦場の3分の2しか覆えない。人間の目は明るさを対数尺度で判断するので、太陽の明るさを通常の3分の1に減らしても、見た目にはほんの少し暗くなったとしか感じないだろう。「覆い隠してしまう」と言うには程遠い。

もっと非現実的なペースで矢を放つとすれば、目標に到達できなくはない。毎秒300本の矢を放つ銃を与えれば、射手たちは戦場に届く日光の99パーセントを遮ることができる。

だが、じつはもっと簡単な方法がある。

試み4

これまで私たちは、暗黙のうちに太陽は真上にあると仮定してきた。たしかに映画ではそうなっている。しかしあの、ペルシャ軍が豪語した「われらの矢が太陽を覆い隠すだろう」という有名な言葉は、夜明けに襲撃するという計画に基づいていたのかもしれない。

もしも太陽が東の地平線付近の低い位置にあり、そして射手たちが北に向かって矢を放っていたとしたら、太陽光は、空中を飛ぶ膨大な数の矢が作る、一帯を覆う雲の層のような塊を、層に平行な向きで貫通しなければならなくなる。すると、矢の遮蔽効果はこれまでの1000倍になる可能性がある。

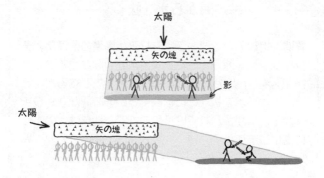

　もちろんこの場合、矢は敵兵の近くすら狙っていない。しかし、公平を期すために言っておくと、彼らが言ったのは、自分たちの矢が太陽を覆い隠すということだけであって、誰かを矢で射るなどとはひと言も言っていない。

　それに、敵によっては、太陽を覆い隠しさえすれば勝てる場合だってあるかもしれない。

海から水を抜く

質問. 地球の海で最も深いマリアナ海溝の最深部、チャレンジャー海淵の底に、宇宙までつながっている半径10メートルの円形の排水口を作ったとすると、地球の海から水を抜くのにどれくらいの時間がかかりますか? 水が抜かれていくにつれて、地球はどのように変化しますか?

―――テッド・M

答.

最初に、ひとつ片付けておきたいことがある。

私がざっと計算したところ、航空母艦が沈没して、この排水口にはまったとすると、そのときの圧力で航空母艦は二つ折りになって吸い込まれて流されてしまうことがわかった。すごいね。

問題は、この排水口がいったいどこまでつながっているのかだ。吐き出し口が地球の近くにあると、抜かれた海の水はすぐに落ちて大気の中に戻ってきてしまうだろう。海水は落下しながらだんだん熱くなり、水蒸気になる。この水蒸気はやがて凝集して雨となり、元の海へと降り注ぐ。これによって大気に流入するエネルギーだけでも、地球の気候にあらゆる種類の大異変をもたらすだろう。上空の高いところに水蒸気の巨大な雲ができたときと同じように。

そこで、海水の吐き出し口は遠くに設置しよう。たとえば火星などだ(実のところ、私は火星ローバー、キュリオシティの真上に設置するのがいいと思う。そうすればキュリオシティが、火星の表面に水が存在するという疑問の余

では、海水がなくなっていくにつれ、地球はどんなことになるだろう?

劇的な変化はない。じつのところ、海の水を完全に抜くには数十万年がかかるのだ。

排水口がバスケットボールのコートよりも大きく、水はものすごいスピードでいやおうなしに流されていくとはいえ、海は広い。抜き始めは、水位は1日あたり1センチメートルも下がらないだろう。

海面に壮観な渦ができることもないだろう。排水口は小さすぎるし、海は深すぎる(浴槽の場合でも水が半分以上抜けないと渦ができないが、それはこの深さの条件による)。

ここはともかく、排水口を増やしたかなにかで早く水が抜けたということにしておこう。(1)

さて、地図はどんなふうに変化するだろう?

これが抜き始めの状態だ。

地球(どこも誇張してません)

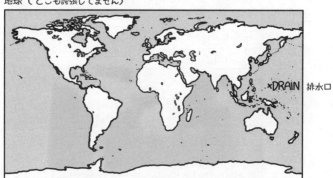

正距円筒図法による(xkcd.com/977を参照のこと)

そしてこれが、海面が50メートル下がったときの地図だ。

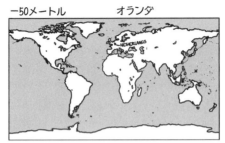

あまり違いはないが、小さな変化がいくつか起こっている。スリランカ、ニューギニア、イギリス、ジャワ、そしてボルネオは、近くの陸とつながってしまっている。

そして、2000年にわたって国土が海の下に沈まないよう苦労してきたオランダは、ついに標高が高くなり、水害から解放される。絶えず大洪水を警戒しながら暮らす必要がなくなったオランダ人たちは、国土拡張にエネルギーを振り向けられるようになる。彼らは即座に勢力を広げ、新たにできた陸の所有権を主張する。

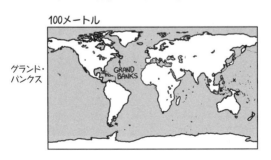

海水位が(マイナス)100メートルに達すると、ノヴァスコシアの沖、以前グランド・バンクスがあったあたりに巨大な新しい島が現れる。

このあたりで妙だと思う人が出てくるかもしれない。すべての海が縮んでいるわけではないのだ。たとえば黒海は、ほんの少し縮小するだけで、その後は大きさは変わらない。

その理由は、これら元々内海だったものが、外洋とのつながりを失ってしまったことにある。海水位が下がるにつれ、内海の多くは太平洋にある排水口から切り離されるのだ。海底の詳細な形状によっては、内海からの水流が侵食を進めて従来よりも深い流路が形成され、水が流れ出ることもあるだろう。しかしたいていの場合、内海はやがて完全に陸地に囲まれてしまい、海水の流出は止まるだろう。

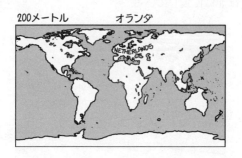

海水位が200メートル下がると、地図は見た目に妙になってくる。新しい島がたくさんできている。インドネシア

---

(1) 2、3日おきにクジラ詰まり防止のフィルターを掃除することをお忘れなく。

はもはや島国ではなく大きな陸の塊だ。オランダは今やヨーロッパの大部分を支配している。

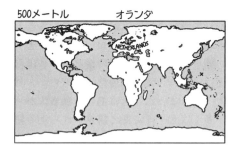

日本は朝鮮半島とロシアにつながる地峡になっている。ニュージーランドには新しい島がいくつもできている。オランダは北に拡張している。

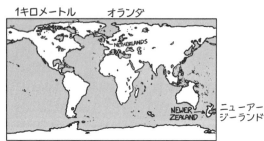

ニュージーランドは驚くほど大きくなる。北極海は切り離され、水位の低下が止まる。オランダは新しい地峡を渡って北米大陸に侵入しはじめる。

海から水を抜く 107

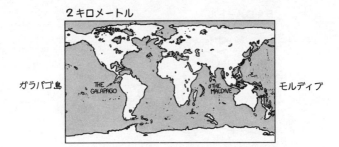

　海面は2キロメートルも下がった。あちこちに新しい島が出現している。カリブ海とメキシコ湾は大西洋から切り離されようとしている。ニュージーランドがどうなっているのかは、もうまったくわからない。

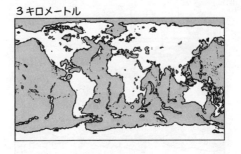

　海面が3キロメートル下がると、中央海嶺の先端があちこちで海面から姿を現す。中央海嶺とは、海底に形成されている山脈のような地形のなかでも特に大規模なものを指し、実際、地球で最も長い山脈だ。でこぼこした広大な陸地がいくつも出現する。

5キロメートル

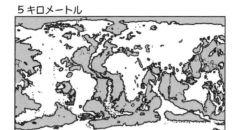

ここまでくるあいだに、主な海のほとんどはほかの海とのつながりを失い、水の減少も止まっている。このときそれぞれの内海がどこに存在し、その大きさはどれくらいかについては、正確に予測するのは難しい。この図はおおまかな推測にすぎない。

排水完了

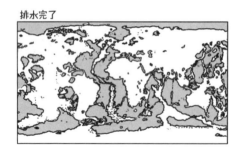

排水が完了したときの地図がこれだ。意外なほどの量の水がまだのこっている。ただし、その大部分は極めて浅い海であり、水深4、5キロメートルの海溝が2、3あるだけだ。

海の半分が空っぽになれば、気象と生態系には予測困難

な大規模変化が起こるだろう。少なくとも、あらゆるレベルで生物圏が崩壊し、大量絶滅が生じることだけはほぼ確実だ。

しかし、ありそうもないこととはいえ、人間がかろうじて生き残る可能性はある。もしもそうなるなら、きっとそこはこんな世界なのだ。

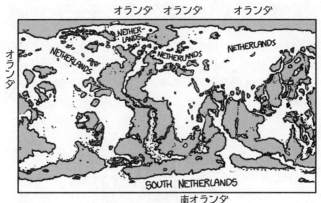

海から水を抜く：パート2

質問. 実際に海から水を抜き、火星ローバー・キュリオシティの上に捨てたとすると、水が増えていくにつれ、火星にはどんな変化が起こりますか？ ——イアン

答.

前の質問への答では、マリアナ海溝の底に排水口を作り、海の水を抜いた。

抜かれた海水の行き先については、あまり気にしていなかった。私は、水の行き先として火星を選んだ。火星ローバー、キュリオシティが水の証拠を見つけるために一生懸命働いているので、助けてやれるかと思ったのだ。

キュリオシティは、ゲール・クレーターという火星表面の丸い窪地のなかにいる。ゲール・クレーターの真ん中には、シャープ山というニックネームが付いた山がある。

火星にはかなりの水がある。問題は、それが凍っていることだ。火星では水はあまり長いあいだ液体ではいられない。というのも、あまりに低温で、空気がほとんどないか

らだ。

　コップ1杯のお湯を火星で外に出しておくと、お湯は、沸騰と凍結と昇華を同時にはじめようとするだろう。火星の水は、何でもいいから液体以外の状態になりたがっているらしい。

　だが私たちは、大量の水を短時間のうちに捨てている（すべて水温は2、3℃）ので、凍ったり沸騰したり、あるいは昇華したりする時間はあまりないだろう。排水管の規模が十分大きければ、水がたまってゲール・クレーターは湖になるだろう。地球で起こるだろうことと同じだ。私たちは、米国地質調査所（USGS）のすばらしい火星地形マップを使って、水がどう進んでいくかを視覚的に予測することができる。

　これが私たちが実験を始めるゲール・クレーターだ。

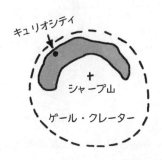

水がどんどん流れてくるにつれて、湖に水が満ちていき、キュリオシティを深さ数百メートルの水底に沈めてしまうだろう。

ついには、シャープ山は島になってしまう。だが、山頂が完全に見えなくなる前に、水はクレーターの北側の縁から溢れ出て、砂の上を流れはじめる。

ときおり訪れる高温期には、火星の凍土が融けて液状になって流れることがあるという証拠がある。このようなとき、ちょろちょろ流れる水はすぐに乾いてしまい、あまり遠くまで到達することはない。しかしわれわれには自由に

使える水がふんだんにある。

というわけで、北極盆地にはこんな水溜まりができる。

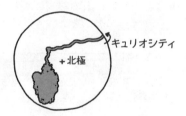

北極盆地はだんだん水で満たされていく。

だが、火星の赤道付近の地図を見てみると、火山が並ぶその領域には、水から遠く離れた陸地がまだまだたくさんあるはずだ。

メルカトル図法：南北の極は示されていない。

ぶっちゃけて言うと、こんな地図は面白くない。大したことは何一つ起こってない。上の端っこに少し海があるだけで、だだっ広い空き地が広がっているだけじゃないか。

もう二度と買わない。

地球の海にはまだまだたっぷり水が残っている。しかし、前の質問の答の最後では、地球の地図には青い部分がまだたくさん残っていたけれども、残っていた海はどれも浅かった。海の水のほとんどはもう抜かれていた。

そして、火星は地球よりずっと小さいので、同じ体積の

水があればもっと深い海ができるだろう。

このころには、火星の赤道に沿って伸びるマリネリス峡谷に水が満ち、あちこちに奇妙な海岸線ができる。地図は少し面白くなってきたが、この巨大な峡谷の周辺の地形のせいで、じつに妙な形の海岸線が現れる。

今や水はスピリットとオポチュニティの2機の古い探査機がいるところまで達し、この2機を呑み込んでしまう。ついには水は、火星で一番低い地点が含まれる、ヘラス・インパクト・クレーターに流れ込む。

私見では、地図の残りの部分もずいぶん見栄えがするようになったのではなかろうか。

水がいよいよ火星の表面全体に広がってくると、大きな陸地だったものが数個の大きな島（と無数の小島）に分断

される。

またたくまに水は大部分の高原を覆いつくし、ごくわずかな島だけが残る。

そしてついに、水の流れが止まる。地球の海の排水が終わったのだ。

さて、火星に残った主な島をもっとよく見てみよう。

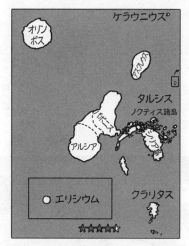

水上に頭を出しているローバーはない。

オリンポス山と、ほかに2、3の火山がまだ水面より上に顔を出している。驚くべきことに、これらの火山はまだまだ水に覆われるまでには程遠い。オリンポス山はこのときの海水位よりもまだ10キロメートル以上高い。火星には巨大な山がいくつかあるのだ。

小さなごちゃごちゃした島の群れは、ノクティス・ラビリントス（夜の迷路）を水が満たした結果できたものだ。このノクティス・ラビリントス、渓谷が無数に集まった地形なのだが、その起源はいまだに謎である。

火星では海は長くは存在できない。一時的に温室効果が生じるかもしれないが、結局、火星はあまりに寒すぎるのだ。ついには海は凍りつき、塵に覆われて、次第に南北の

極にある永久凍土へと移動していくだろう。

　しかし、これには長い時間がかかるだろうし、この変化が完了してしまうまでは、火星は今よりずっと面白い場所になるはずだ。

　地球の排水に使ったパイプがまだ残っており、地球と火星のあいだを移動できることを考えると、その結果どうなるかはもう見えている。

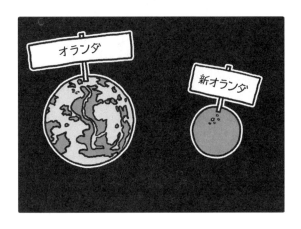

---- ツイッター ----

質問. 互いに違った意味をもつ英語のツイートは、いくつ存在しますか? 世界中の人間がそれを音読するにはどれだけの時間がかかりますか?

——エリック・H、ニュージャージー州ホーパットコン

はるか北のスヴィショード (Svithjod) と呼ばれる国に、ひとつの岩がある。その高さは100キロ、幅も100キロだ。1000年に1度、小鳥が1羽この岩にやってきて、くちばしを研ぐ。こうして徐々に磨り減っていき、やがてその岩がなくなってしまったとき、永遠の1日が終わる。

——ヘンドリク・ウィレム・ヴァン・ルーン
(オランダ系アメリカ人の歴史家。児童書の著者でもある)

答.

ツイートは、最長で140文字だ。英語には26文字ある。スペースも1文字と数えるなら27文字だ。このアルファベットを使って作れるツイートの文字列は $27^{140} \simeq 10^{200}$ 通り存在する。

だが、ツイッターはなにも英語のアルファベットだけで書かねばならないわけではない。ユニコードには100万字以上が収録可能なので、ユニコードの文字をすべて使えば相当遊ぶことができる。ツイッターがユニコードの文字をどう数えるかはちょっと複雑なのだが、可能な文字列の数は 10^{800} にものぼると考えられる。

もちろん、そのほとんどは、いくつもの異なる言語の文字をでたらめに集めただけで何の意味もない。英語の26文字に限ったとしても、「ptikobj」などの無意味な文字列が山ほどできるだろう。エリックが訊いているのは、英語で実際に何か意味のあるツイートのことだ。そんな文字列はいくつできるだろう？

　これは難しい質問だ。みなさんが最初に思いつくのは、まず英語の単語だけ許可することにしよう、そして、あとから文法的に正しい文章だけに制限しよう、というやり方ではなかろうか。

　だがこの方法では、厄介な問題にぶち当たる。たとえば、「Hi, I'm Mxyztplk（ハイ、私、Mxyztplkです）」という文章は、あなたが Mxyztplk という名前なら文法的に正しい（考えてみれば、もしあなたが嘘をついていたとしても、文法的に正しいことに変わりはない）。かと言って、「Hi, I'm……」で始まる文字列を全部違うものとして数えるのも、明らかに意味がない。英語を話す普通の人にとって、「Hi, I'm Mxyztplk」は、「Hi, I'm Mxzkqklt」と基本的に区別することは不可能で、この2つを別ものとして数えるべきではない。だが、「Hi, I'm xPoKeFaNx」は、さっきの2つの文章とは、はっきりと違っている。たとえ「xPoKeFaNx」が、どんなに想像を逞しくしても絶対に英語の単語ではないとしても。

「他と異なる意味を持つ別の文章」であることを判断するために私たちが使っている方法が破綻しているようだ。幸い、もっといいアプローチがある。

　意味のある文章が2つしかない言語が存在し、すべての

ツイートはその2つの文章のどちらかでなければならないとしよう。その2つの文章は、

- 「5番通路に馬が1頭いる（There's a horse in aisle five）」
- 「私の家には罠がたくさんしかけてある（My house is full of traps）」

だとする。

ツイッターはこんなふうになるだろう。

メッセージとしては長めだが、それぞれの文章に含まれる情報はそれほどない。これらの文章からわかるのは、発信者が罠のメッセージと馬のメッセージのうち、どちらを

送ることに決めたかということだけだ。実質的に1か0である。文字はたくさんあるけれど、この言語のパターンを知っている読者にとっては、それぞれのメッセージは、1文あたり1ビットの情報しか持っていない。

この例には、じつはひじょうに深い真理が表れている。それは、情報は本質的に、メッセージの内容について、そして、自分がそれを事前に予測する能力について、受け手が持っている不確実性に結びついているという真理だ。[1]

クロード・シャノン——ほとんど独力で現代情報理論を構築した人物——は、ある言語が含む情報量を測る巧妙な方法を思いついた。一般的な英語の文章を無作為に選んだ点で切り、後ろを捨ててしまったものを大勢の人に示し、次に来る文字は何かを推測させたのだ。

自分の住んでいる町が情報であふれかえっている、というのも気味が悪いね!

(訳注:ERUDITEではなく、「噴火してるぞ」にあたるERUPTINGを思い浮かべるのが一般的と思われる)

---

(1) これはまた、第5通路に馬が1頭いるという極めて表面的なこともほのめかしている。

推測の正解率——と厳密な数学的解析——に基づきシャノンは、一般的な英語の文章の情報量は1文字あたり1.0から1.2ビットだと特定した。ということはつまり、いいアルゴリズムで圧縮すれば、ASCIIコードで書かれた英語の文章（1文字あたり8ビット）は、長さを8分の1にできるということだ。実際、テキスト形式の電子書籍をいいファイル圧縮ソフトにかけると、だいたいそれぐらいに圧縮できるはずだ。

あるテキストの断片が n ビットの情報を含んでいるとすると、それは、その断片は 2^n の異なるメッセージを伝えられるということだ。そこには難しい数学が少し入ってくる（メッセージの長さや、「判別距離」と呼ばれるものなどが関わってくる）が、つまるところ、意味が違う英語のツイートの数は、10^{200} や 10^{800} ではなく、約 $2^{140\times1.1} \fallingdotseq 2\times10^{46}$ だと見積もられる。

では、それを世界が音読するにはどれだけの時間がかかるだろう？

2×10^{46} 件のツイートを1人の人間が読み上げるには 10^{47} 秒近くかかる。圧倒されるほどたくさんのツイートなので、読んでいる人間が1人なのか10億人なのかはほとんど意味がない。何人で読もうと、地球が存在しているあいだに残ったツイートが目に見えて少なくなっていくのが実感できるほど読み進むことは不可能だ。

そこで少し趣向を変えて、答の冒頭に掲げた山頂でくちばしを研ぐ鳥のことを考えてみよう。1000年ごとに鳥がやってくるたびに、鳥は山の岩をほんの少しずつ削り落とし、そうしてできた数十粒の塵の粒子を持ち去ると仮定し

よう(普通の鳥の場合、山が削り取られるよりも、山頂に残る鳥のくちばしの物質のほうが多いと思われるが、このシナリオは、この点以外のこともみな普通ではないので、そこは気にしないことにする)。

あなたは毎日、1日あたり16時間ツイートを音読するとする。そしてあなたの後ろに、1000年ごとにあの鳥がやってきて、高さ100キロメートルの山の頂上から目には見えないかけらを山から2、3個くちばしで取り去るとしよう。

山が削り尽くされて平らになり麓の地面と同じ高さになったなら、それが永遠の1日めだ。

山が再び現れ、次の永遠日に相当するサイクルが始まる。これが365日(1日あたり10^{32}年の長さである)終わると1永遠年が巡ったことになる。

鳥が3万6500の山を削り尽くす100永遠年で、1永遠世紀となる。

だが1世紀ではとても足りない。一千年紀でもぜんぜんだめだ。

すべてのツイートを読み切るには1万永遠年が必要なのだ。

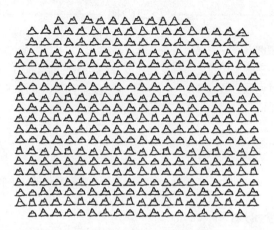

　それは、鳥が山をひとつ削り尽くすに必要な時間を1日として、書くことの発明から現在の文明に至るまで、人間の歴史のすべてが展開するだけの日数に相当する時間だ。

　140字なんてたいした長さとは思えないが、われわれがこの文字数で言えることをすべて言い尽くしてしまうことは決してないだろう。

レゴの橋

質問. 上を車が往来できるような、ロンドンからニューヨークまでをつなぐ橋をレゴで作るとすると、レゴは何個必要ですか? また、それだけの数のレゴはすでにもう製造されていますか?

——ジェリー・ピーターセン

答.

まずは、そこまで野心的ではない目標から始めよう。

結びつける

ニューヨークとロンドンをつなぐに十分な数のLego[1]ブロックがすでに製造されていることは間違いない。LEGO[2]の単位で表すと、ニューヨークとロンドンは7億スタッド離れている(スタッドとはレゴ・ブロックどうしをつなげるために表面に形成されている突起のこと)。つまり、レゴをこのようにつなげたとすると……

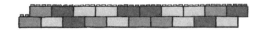

---

(1) レゴ・ファンから、「LEGO」と表記すべきだと指摘されるかもしれない。
(2) 実際、ザ LEGO® グループは、「*LEGO®*」と、イタリックで表記するよう要求している。

……ニューヨークとロンドンを結ぶには3億5000万個のLegoブロックが必要になる。だが、こうして作った橋は、すぐにばらばらになってしまうし、*LEGO*®のミニフィギュアよりも大きなものは渡れない。しかし、これを出発点にしよう。

この歳月のあいだに、4000億個を上回るLegoブロックが製造された。だが、このうちいくつが橋を作るのに使えるブロックで、いくつがカーペットにまぎれて見つからなくなってしまう、バイザー付きヘルメットなどのミニフィグウェアなのだろう?

私たちは、最も一般的なLeGoブロック——2×4ブロック——で橋を作ると仮定しよう。

Legoキットに関する文書の収集家で、Peeron.comというレゴデータベースを運用しているダン・ボガーが提供するデータを使って大雑把に見積もることで、私は「50から100ピースにつき1個が2×4の長方形ブロックだ」という数字を得た。だとすると、約50億から100億個の2×4ブロックが存在していると考えられ、

---

(3) 一方物書きには、必ず登録商標マークを添える義務はない。ウィキペディアの表記ガイドでは、「Lego」と書かねばならないことになる。
(4) ウィキペディアの表記法に文句をつける人もいる。ウィキペディアの利用者どうしがコミュニケーションできる「トークページ(日本語版の「ノートページ」にあたる)」では、この問題を巡って何ページにもわたって熱い議論が交わされており、勘違いして、法的手段に出るぞという脅しの書き込みまで現れている。イタリック表記についても議論している。
(5) よしよし、これはほかに誰も使っていない表記だぞ。
(6) これでいいじゃないか。

これだけあれば幅1ブロックの橋を作るには十分だ。

自動車を支える

もちろん、実際に往来する自動車を支えたいなら、橋にはもう少し幅が必要だ。

橋を海に浮かばせるのがいいのではないだろうか。大西洋は深い[要出典]が、Legoブロックで作った高さ5キロもの支柱を立てるのはできれば避けたい。

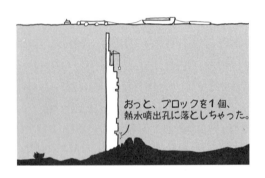

おっと、ブロックを1個、熱水噴出孔に落としちゃった。

Legoブロックをつなげても、水がしみこまない密封状態にはできないし、Legoを作るのに使われているプラスチックは水よりも比重が大きいので水に浮かない。だが、この問題は簡単に解決できる。表面に防水シール剤を塗れば、コーティングされた塊は実質的に水よりも比重が小さ

（7）典拠：私は一度レゴで船を作り、水に浮かべてみたが、沈んでしまった:(

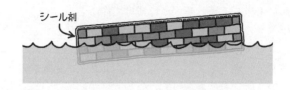

　橋が押しのけた水1立方メートルにつき、橋は400キログラムの重量を支えることができる。一般的な乗用車は2000キログラムをやや下回るぐらいの重量なので、私たちの橋は、支える乗用車1台につき最低で10立方メートルの Lego が必要になる。

　橋の厚みを1メートル、幅を5メートルにしたとすると、橋は問題なく浮かぶはずで、その上を車で走れるほど頑丈になるだろう。半ば水に沈んだ橋の上を走ることにはなるだろうが。

　Legos はなかなか丈夫だ。BBC の調査によると、2×2 のブロックを25万個積み上げて、ようやく一番下のブロックが壊れたそうだ。

　この案の第1の問題は、このような橋を作るに足るレゴ・ブロックは世界に存在しないことだ。そして第2の問題は海だ。

（8）この表記を見て、怒りのメールを送りつける人がいるだろうなあ。
（9）おそらく、その日はほかにニュースになるようなことがなかったのだろう。

極端な力

　北大西洋は荒れ狂う海として知られている。メキシコ湾流が最も激しく流れる場所は避けて作るとしても、私たちの橋はものすごい風と波の力にさらされるだろう。
　レゴの橋はどこまで強く作れるだろう？
　サザン・クイーンズランド大学のトリスタン・ロストローという研究者のおかげで、各種レゴ連結部の引張強度についてある程度のデータが得られている。そのデータから言えるのは、BBC の調査でもそうだったが、レゴ・ブロックは驚くほど丈夫だということだ。
　一番いいのは、薄くて長い板の形をしたブロックを重ね合わせた構造だ。

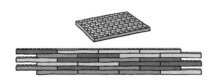

　この構造だとかなり丈夫にできるだろう——引張強さはコンクリート並みになるだろう——が、それでもとても十分な強度にはなるまい。風、波、潮の流れが橋のなかほどを横から押し、橋にはものすごい張力がかかるはずだ。

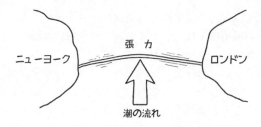

従来から、このような状況に対処するには、海底からしっかりと橋を支えて、橋が片側にばかり大きく押し流されるのを防ぐ方法がとられている。あえてレゴ・ブロックのほかにケーブルも使う[10]ことにすると、うまくすればこの巨大な構造物を海底に固定できるかもしれない。[11]

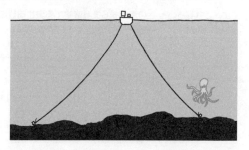

だが問題はこれで終わりではない。静かな湖に架かっている長さ5メートルの橋ならこれで十分自動車を支えることができるだろうが、私たちの橋は、海の荒波が絶えず打ち付け砕けるなかで海中に没してしまわないだけの大きさ

（10） それからシール剤。
（11） Legoの部品を使いたいなら、ロープとして使う細いナイロンの紐が付いたキットを買えばいい。

が必要だ。外海の波の高さは通常数メートルになるので、私たちの橋桁は少なくとも4メートルぐらいは海面上になければならない。

　空気袋を取り付けたり、内側をくりぬいたりすれば、橋はもっと浮かびやすくなるが、橋の幅も広げないといけない。さもないと橋が裏返ってしまう。そんなわけで、錘(おもり)を増やさねばならないが、これらの錘には浮きをつけて、完全に沈んでしまわないようにしなければならない。浮きを加えたので、橋は浮きからも引っ張られるわけで、おかげでケーブルにかかる応力が大きくなり、橋は下向きに押される。その結果、浮きがさらに必要になる……

「まってよ、これじゃさっきの海底から支柱を建てる案と同じだよ」

海底

　橋を海底から建てたいとすると、いくつか問題が出てくる。水圧が高い海底では空気袋はひしゃげてしまうので、橋は自分の重さを自分で支えないといけなくなるだろう。それに、海流から受ける圧力に対処するために、橋の幅を一段と広げなければならない。実質的にコーズウェイ（土

手道)を作るのと同じになってしまうだろう。

意図していなかった副次的な影響が出るだろう。この橋は北大西洋海流を止めてしまいそうなのだ。気候科学者たちによれば、これは「おそらく良くないことだろう」とのことだ。[12]

おまけに、この橋は大西洋の真ん中を横切ることになる。大西洋の底では、真ん中にある継ぎ目からどんどん新しい海底が生まれ出て、外に向かって広がっている。その速さは、レゴの単位で言うと、112日ごとにスタッド1つ分である。このため、この海底の継ぎ目の部分で橋の建設作業を行なわねばならないだろう。さもないと、ひっきりなしに海嶺に戻って、ブロックをたくさん継ぎ足さないといけなくなる。

コスト

レゴ・ブロックはABS樹脂でできており、そのコストは、本書執筆の時点で1キログラムあたり約1ドルだ。私たちが検討したなかで一番単純な、1キロメートルの鋼鉄のテザーを使うやつでも、コストは5兆ドルを上回る。[13]

だが、考えてみてほしい。ロンドンの不動産市場全体の規模は2兆1000億ドルで、大西洋横断の輸送料は1トンあたり約30ドルだ。

---

(12) 彼らは続けてこう言った。「え、何を建てようとしてるって？」それから、「いったいなんでまたそんなこと考えようと思ったんだい？」
(13) ドラマの《フレンズ》は毎回のエピソードに必ず The One……で始まるタイトルがついていたけれど、実はこの回が一番のお気に入り。

すると、私たちの橋を作るコストよりもかなり安い金額で、ロンドンの不動産物件をすべて買い取り、1軒ずつニューヨークまで船便で送ることができるということになる。その後ニューヨーク港内に作った新しい島で、1軒ずつ元通りに建ててそこにロンドンを再現する。そして、この再現ロンドンとニューヨークを、もっとシンプルな構造をしたレゴの橋でつなげば、ジェリーの質問への答になるのでは。

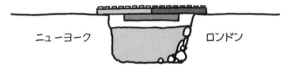

あの垂涎もののミレニアム・ファルコンのレゴ・キットが買えるぐらいのお金が残るかもしれないし。

いちばん長い日没

質問. 舗装された道路を車で制限速度を守って走りながら見ることのできる、いちばん長い日没はどれぐらいの長さになりますか？
――マイケル・バーク

答. この質問に答えるには、「日没」の意味をはっきりさせておかないといけない。

これが日没だ。

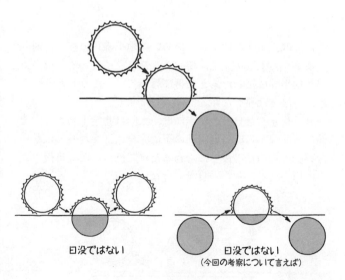

日没ではない

日没ではない
（今回の考察について言えば）

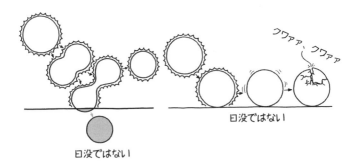

日没は、太陽が地平線（あるいは地平線）に接した瞬間に始まり、太陽が完全に姿を消したときに終わる。仮に太陽が地平線に接したあとで再び昇っていったりしたら、それは日没とは呼べない。

れっきとした日没と呼ぶには、太陽は想定上のまっすぐ伸びる曲線から成る地平線の下に完全に沈まなければならない。近くの丘の後ろに隠れるだけではだめだ。日没のように思えても、本物の日没ではない。

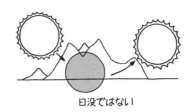

これが日没とは呼べないのは、太陽を隠せるものを好き勝手に選び、それに太陽が隠れたら日没と呼べるのなら、自分が岩の後ろに隠れればいつでも日没にしてしまえるからだ。

それから、屈折も考慮しなければならない。光は地球の大気によって曲がるので、太陽が地平線にあっても、実際よりも太陽丸々1個分高い位置にあるように見える。この、大気による屈折の平均効果をすべての計算に入れるのが一般的なようなので、私もこの質問に対する計算ではそうすることにした。

赤道では、3月と9月の日没の長さは、2分をほんの少し超えるぐらいの長さだ。南極や北極に近い、たとえばロンドンのようなところでは、この同じ時期の日没は200から300秒かかる。日没は春と秋（太陽が赤道の真上にあるとき）に最も短くなり、夏と冬には最も長くなる。

3月上旬に南極でじっと立っていたとすると、太陽は地平線の少し上を丸1周しながら、1日じゅう空に姿を見せている。3月21日ごろ、太陽は地平線に接し、年に1度の日没が始まる。この日没は38から40時間かかる。つまり、沈んでいるあいだに地平線を1周以上するわけだ。

だが、マイケルの質問は、じつに巧妙だ。彼の質問は、舗装された道路を走っていて経験できる最も長い日没についてのものだ。南極の観測基地まで続く道路が確かに1本あるが、これは舗装されておらず、雪を固めた道だ。南極にも北極にも、近くに舗装された道路は存在しない。

どちらかの極に最も近い、舗装されたと言って差し支えない道路は、ノルウェーのスヴァールバル諸島にあるロン

グイェールビンの街の大通りだと思われる（ロングイェールビンにある空港の滑走路の端まで行けばもう少し北極に近づけるが、そこまで車で行くと、厄介なことになるかもしれないのでご注意を）。

じつのところ、南極大陸にあるマックマード基地と南極点との距離よりも、ロングイェールビンから北極点までの距離のほうが短い。ロングイェールビンより北側には、軍事基地、観測基地、漁業基地などがいくつかあるが、どこも道路と呼べそうなものはたいしてない。ほとんど砂利と雪ばかりの小規模な滑走路があるだけだ。

ロングイェールビンの中心街をうろつき回ると[1]、最長で1時間近い（2、3分ほど足りないだけ）の日没を経験することができる。じつは、車で走っているかどうかは関係ない。ロングイェールビンの街はあまりに小さいので、そのなかであなたがどんな動きをするかは日没の長さになんら影響を及ぼさない。

しかし、舗装されたもっと長い道路がたくさんあるノルウェー本土に行くなら、もっと長い日没を経験することができる。

熱帯地域から出発して、ずっと舗装された道路だけを車で走りつづけるとすると、到達できる北端は、ノルウェー国内にある欧州自動車道路69号線の終点だ。スカンジナビア半島の北部には縦横に道路が何本も走っているので、このあたりを出発点にするのがよさそうだ。だが、どの道

---

[1] 「ホッキョクグマ横断注意」の標識と一緒に写真を撮っておくといい。

路を使えばいいのだろう？

　直感的には、できる限り北に行くのがいいと思える。北極に近ければ近いほど、太陽に遅れずについていきやすいような気がするではないか。

　残念ながら、太陽に遅れずについていくというのは、じつはあまりよい作戦ではない。ノルウェーの高緯度地域でも、太陽はちょっと速すぎるのだ。欧州自動車道69号線の終点——赤道から舗装された道路を車で走りつづけて到達できる最北端——まで来ても、太陽に遅れないでついていくには、音速の半分ぐらいの速さで運転しなければならないのだ（しかも69号線は、東西ではなく南北に走っているので、いずれにせよバレンツ海に車で突っ込んでしまうことになるだろう）。

　ありがたいことに、もっといい方法がある。

　太陽がほんのしばらくだけ沈み、その後すぐにまた昇る日にノルウェー北部にいたとすると、明暗境界線_{ターミネーター}はノルウェーの上を、次の図のようなパターンで動いていく。

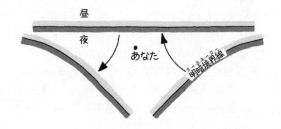

（殺人ロボットのターミネーターと間違えないように。そちらのターミネーターは、こんなふうなパターンで動く）

どっちのターミネーターから走って逃げないといけないのか、
私にはよくわからない。

　できるだけ長い日没を経験するための作戦は、じつはごく単純だ。「あなたのいるところに明暗境界線(ターミネーター)がかろうじて到達する日が来るのを待つ」というのがそれだ。明暗境界線(ターミネーター)がやってくるまで車のなかで座って待ち、その後北に向かって車を走らせ、できるかぎり長い時間、明暗境界線(ターミネーター)より少しだけ先にいつづけるようにする（どれだけ長くそうしていられるかは、その場所の道路配置によって異なる）。その後Uターンをして、明暗境界線(ターミネーター)を越えて暗闇に身を隠すに十分な速さで南に向かって走るのである。(2)

　意外なことに、この作戦は北極圏内のどこでも同じぐらいうまくいく。というわけで、フィンランドとノルウェーの全域のたくさんの道路で、日没をこのように引き伸ばして経験することができる。私は、Pythonというプログラミング言語を使った天文学計算ツール、PyEphemと、ノルウェーの高速道路のGPSデータを使って、長い日没が経験できる道路はどこにあるか、検索してみた。あちこちの道路について調べ、また、車の速度も大きく変えて調べ

（2）　この方法は、これとは違うほうのターミネーターにも有効だ。

た結果、これらの条件にはあまり関係なく、最長の日没は約95分だということがわかった。スヴァールバルで1カ所に留まって観察する作戦に比べて40分ほど長い日没が見られるわけだ。

だが、もしもあなたがスヴァールバルから出られない状況で日没を——あるいは日の出を——もう少し長く見たいなら、反時計回りにクルクルと、フィギュアスケート選手のようにスピンすればいい[3]。たとえそうしても、地球の時計に、1ナノ秒より何桁も小さな、ごくごくわずかな時間を足すことしかできないのは確かだが。しかし、あなたが一刻でも長くその人と一緒にいたいなら……

……やってみるだけの価値があるかもしれない。

---

(3) xkcd, "Angular Momentum," http://xkcd.com/162/.

ランダムに電話して、くしゃみした直後の人にかかる確率

質問. ランダムに選んだ番号に電話をかけて「ゴッド・ブレス・ユー(英語圏で、誰かがくしゃみしたあとに、「お大事に」という意味でこのように言う)」と言ったら、たまたま相手がくしゃみした直後だった、ということになる確率はどれくらいですか？　——ミミ

答.

どれくらいになるか、数字で答えるのは難しいが、4万分の1ぐらいではないだろうか。

電話を手に取る前に、電話した相手が誰かを殺した直後である確率も約10億分の1あることを覚えておいたほうがいい(1)。もともとは神の祝福を祈る言葉なので、それを口

---

(1) 先進国のなかでは最も高い、アメリカの殺人発生率、10万人あたり4件という数字を元に計算。

ランダムに電話して、くしゃみした直後の人にかかる確率 143

にするには注意が必要だ。

しかし、くしゃみは殺人よりもはるかに頻繁に起こるので、電話した相手が殺人犯である可能性よりは、直前にくしゃみした人である可能性のほうが高い。なので、次のような言葉をかけるのもお勧めしない。
(2)

著者の心の声：今度から誰かがくしゃみしたら、こう言うことにしよう。
（訳注：「君が何を〜」は映画『ラストサマー』で主人公に送られる脅迫の文句）

くしゃみ率は、殺人率ほど学術研究されていない。いちばんよく使われている平均くしゃみ率の数字は、ABCニュースが取材したある医師が述べたもので、彼によれば、1人の人間が1年間にするくしゃみは200回だという。

くしゃみに関するデータを提供する数少ない学術研究のひとつが、アレルギー反応を人為的に誘導されてくしゃみをしている被験者たちを観察したものだ。平均くしゃみ率を推定するには、学者たちが集めようとしていた医学的データはすべて無視して、対照群としてテストされた人々のデータだけを見ればいい。この研究の対照群はアレルギー

（2） 典拠：あなたが生きているのが何よりの証拠。

源にあたるものは何も与えられなかった。彼らは、計176回行なわれた、1回あたり長さ20分のセッションのあいだ、ただ室内に一人で座っていただけだ。(3)

対照群の被験者たちは、この約58時間のあいだに4回くしゃみをした(4)。すると、くしゃみは目覚めているあいだしかしないものという仮定のもとで、1人あたり年に約400回くしゃみをするという計算になる。

世界の学術論文のかなりを網羅するというグーグル・スカラーで検索すると、2012年に出版された「くしゃみ」という語を含む論文は5980件あることがわかる。このうち半分がアメリカで書かれたものだとし、また、1件あたり平均4人の著者がいるとすると、ランダムに電話して、ちょうどその日にくしゃみについての論文を発表したばかりの人が出る確率は一千万分の1だ。

一方、毎年アメリカでは、約60人が落雷で亡くなっている。すると、雷に打たれて死んで30秒以内の人に電話する確率は、たったの10兆分の1しかない。

―――――――――――――――――――――――――
（3）どれくらいの時間か実感していただくために言うと、これは「ヘイ・ジュード」を490回繰り返して歌える時間に相当する。
（4）58時間を超える調査時間のなかで、くしゃみを4回というのが、データ点のあり方としてはいちばん面白い。まあ「ヘイ・ジュード」490回というのもいい線いってるが。

最後に、この本が出版された日、これを読んだ5人がこの実験を実際にやってみることにしたと仮定しよう。5人が1日中電話をかけるとすると、その日のある時点で、5人のうち1人が電話をかけたタイミングで、その相手も「ゴッド・ブレス・ユー」と言うためにランダムに選んだ知らない誰かに電話している最中で、話し中の音が聞こえてしまう確率が約3万分の1ある。

そして、5人のうち2人が同時に互いに電話をかけあう確率は、約10兆分の1だ。

こうなると確率の神もさじを投げ、2人とも雷に打たれることだろう。

〈ホワット・イフ?〉のウェブサイトに寄せられた変な(そしてちょっとコワい)質問 その10

質問. 仮に僕が胴体をナイフで刺されたとします。そのとき重要な臓器には刃が当たらなくて死なない確率はどれぐらいですか?
——トーマス

「……いや、それを気にしている友だちがいるんでかわりに訊いただけですよ。友だちといっても昔のですが」

質問. オートバイに乗ってクォーター・パイプ(スケートボードやBMXなどで用いる、ノの字形の断面をしたジャンプ台)でジャンプし、安全にパラシュートを開いて着地するには、どのくらいのスピードで走っていなければなりませんか?
——匿名

質問. 毎日、どの人間にも、七面鳥になってしまう確率が1パーセントあり、どの七面鳥にも人間になってしまう確率が1パーセントあったとすると、どんなことになりますか?
——匿名

地球を大きくする

質問. 毎秒1センチメートルずつ地球の平均半径が大きくなっていくとして、体重が増えたことに人々が気づくのにどれくらいかかりますか（地球の岩盤の平均組成は変化しないと仮定します）？

——デニス・オドンネル

答.

今のところ、地球は大きくなったりはしていない。

地球はだんだん大きくなっているのではないかという説は昔からある。1960年代に大陸移動説が確認される前(1)から、今は離れ離れになっている大陸どうし、海岸線がぴったり合うことに気づいた人は少なくなかった。これを説明するためにさまざまな説が提案されたが、そのひとつに、海は元々平らだった陸の表面が、地球が膨張するにつれて裂けてできた窪みだというものがある。この説が広く受け入れられることはついぞなかったが、いまでもときどきユーチューブに登場している。(2)

地面に亀裂ができるという問題を避けるために、地殻から核まで、地球の物質すべてが同じ割合で膨張しはじめる

（1） 海底が徐々に広がっていることが発見されて、プレートテクトニクス説の確証となった。このとき、海底の広がり方と、地磁気の逆転現象のデータとが一致して、海底で地殻が新しく生み出されていることが確認されたいきさつは、科学上の発見はこういう具合に起こるという、私の好きな例のひとつだ。
（2） 馬鹿げているとは、うすうすバレている。

と仮定しよう。それから、「海が干上がる」状況になるのも都合が悪いので、海も膨張すると仮定しよう。人体の構造はすべて維持されるとしよう。

1秒後（$t = 1$秒）

地球が膨張を始めるとき、少し揺れるのを感じる人もいるかもしれないし、なかには平衡感覚が乱れる人もいるかもしれない。だが、それはほんの一瞬のことだ。毎秒1センチという一定のペースで上昇するわけなので、あなたは何か力が加わるのを感じたりすることもないはずだ。その日は、特に何も気づかないまま終わるだろう。

1日後（$t = 1$日）

1日めが終わったとき、地球は864メートル膨張しているはずだ。

異変に気づくほど重力が強まるには長い時間がかかるだろう。膨張が始まったときあなたの体重が 70 キログラムだったなら、1 日めの終わりには、あなたは 70.01 キログラムになっているだろう。

道路や橋はどうなるだろう？　やがて崩れるはずだよね？

だが、あなたが思っているほどすぐにではない。以前、こんななぞなぞを聞いたことがある。

「地球の表面にきっちり沿うように、
赤道あたりでロープを巻き、しっかり結ぶ。

さて、このロープを地球の周囲ひと回りの全長で、
地面から 1 メートル上に浮かせたいとする。

そのためにはロープをどれだけ長くしなければならないだろうか？

何キロも要りそうだが、答は 6.28 メートルだ。円周は半径に比例するので、半径を 1 単位大きくしたら、円周は

（3）　実際、海の温度が上がっているので、海は膨張している。これは、地球温暖化で海水位が上昇する（現時点で）最大の要因となっている。

単位長さの2π倍長くなるだけだ。

長さ4万キロメートルのロープを6.28メートルだけ長くしても、ほとんど変わらない。地球の膨張が始まって1日が経過した時点でも、周の長さは5.4キロメートル長くなるだけなので、ほとんどすべての構造物がうまくやりすごすだろう。コンクリートは、毎日それ以上の割合で膨張したり収縮したりしているのだから。

最初に揺れを感じて以降、あなたが次に気づく異変は、GPSが働かなくなったことだろう。人工衛星は、どれも膨張前とほとんど同じ軌道にいるはずだが、GPSはじつに精妙な時刻計測をもとに動いており、このバランスは膨張が始まって数時間以内に完全に崩れてしまう。この時刻計測はとてつもなく正確でなければならない。工学のあらゆる問題のなかで、技術者たちが特殊相対性理論と一般相対性理論の両方を考慮して計算しなければならないものはごくわずかしかないが、そのひとつがGPSなのだ。

それ以外の時計は、ほぼすべて問題なく働きつづけるだろう。しかし、もしもあなたがたいへん精密な振り子時計を持っていたなら、何かがおかしいと気づくかもしれない。初日の終わりまでには、振り子時計は3秒進んでいるはずだから。

1カ月後（t = 1カ月）

1カ月後、地球は26キロメートル膨張しているはずだ。0.4パーセント大きくなっている。質量は1.2パーセント増えているはずだ。地表での重力は半径に比例するので[4]、1.2パーセントではなく、0.4パーセント増えているだけだ。

秤で量ったとき、重さが違うことに気づくかもしれないが、大した違いではない。地球の膨張がなくても、よその街に行くだけで重力はそのぐらい変化する。デジタル体重計を買うときには、このことを覚えておいたほうがいい。あなたの体重計が小数点以下2桁の精度だったなら、標準錘を使って校正しなければ、正確な体重は量れない。体重計工場の重力は、あなたの家の重力と同じとは限らないからだ。

　重力が大きくなったことにはまだ気づかないとしても、地球が大きくなったことにはそろそろ気づくころだ。1ヵ月経つと、コンクリート製の長い構造物に亀裂が入ったり、高架道路や古い橋が壊れたりしてくるはずだ。たいていの建物はまだ大丈夫だろうが、岩盤にしっかりと固定されている建物では、予測できないことが起こる可能性がある。[5]

　このころになると、国際宇宙ステーション（ISS）の宇宙飛行士たちは、いろいろと心配しはじめているだろう。地面（と大気）が彼らに向かってせりあがってくるばかりか、地球の重力が強まってくるため、ISSの軌道が少しずつ縮んでくるのだ。彼らはそそくさと脱出しなければならないだろう。ISSが軌道からそれて大気圏に再突入するまでに、せいぜい2、3ヵ月しかないのだから。

（4）　質量は半径の3乗に比例し、重力は、「質量×（半径の2乗の逆数）」に比例するので、「(半径)^3／(半径)^2＝半径」である。
（5）　超高層ビルが岩盤にしっかり固定されていることは、誰もが望むことなのだが。

1年後（$t = 1$年）

　1年後、重力は5パーセント強くなっている。あなたも、体重が増えたと自覚しているだろうし、道路、橋、送電線、人工衛星、海底ケーブルなどの損壊はもはや見落としようもないだろう。振り子時計はまるまる5日進んでいるはずだ。

　大気はどうなっているだろう？

　大気は陸や海のようには増加していないとすると、大気圧は低下しはじめているはずだ。これにはさまざまな要因がからんでいる。重力が強まるにつれ、大気は重くなる。だが、大気が広がるべき面積も大きくなっているので、全体としては、大気圧は低下することになる。

　一方、大気も増加しているとすると、地表の大気圧は上昇する。膨張が始まって数年後、エベレスト山の頂上は「デスゾーン」（Q1「一定のペースで昇りつづける」の章を参照）ではなくなっているだろう。その一方で、あなたの体重はかなり増えているだろうから——おまけに山も一層高くなっているだろうから——登山は以前にも増してたいへんな仕事になるだろう。

5年後（$t = 5$年）

　5年経つと、重力は25パーセント強くなっているだろう。膨張開始時にあなたの体重が70キログラムだったとすると、5年後には88キログラムだ。

　インフラの大部分は壊れているだろう。だが、重力が強まったから壊れたわけではなく、真下にある地面が広がったから壊れたのだ。意外にも、ほとんどの超高層ビルは、

これだけ重力が強まってもなんら問題なく立ちつづけているはずだ。たいていの超高層ビルでは、崩壊を決めるのは重さではなく風なのだ。

10年後（$t = 10$年）

10年後、重力は50パーセント強まっているだろう。大気が膨張しないシナリオでは、海面の高さでも呼吸しづらいほど空気が薄くなっているだろう。大気が膨張するシナリオでは、もうしばらくのあいだ、私たちは大丈夫だろう。

40年後（$t = 40$年）

40年後、地球表面での重力は3倍になっているだろう。この時点までくると、最も壮健な人間たちでさえ、大変な苦労をしてやっとこさ歩けるといった状況だ。呼吸も困難だろう。樹木も倒れてしまうだろう。穀物は自分の重さに耐えられず、まっすぐ立ってはいられない。ほぼすべての山の斜面で大規模な地すべりが起こっているだろう。というのも、山をなしていた物質は、重力が3倍になると、その分ゆるやかな傾斜でないと安定していられなくなるからだ。

地質学的活動も加速するだろう。地球の熱の大部分は、

（6）　しかし私は、怖いのでエレベータには乗らない。
（7）　数十年のあいだに、重力はみなさんが予想されるよりも少し早く強まりだす。というのも、地球を構成する物質が地球そのものの重さで圧縮されるからだ。惑星内部の圧力は、惑星の表面積の2乗にほぼ比例するので、このころ地球のコアは、固く締め付けられているはずだ。http://cseligman.com/text/planets/internalpressure.htm.

地殻やマントルに含まれる鉱物の放射性崩壊で生じるので、[8]地球が大きくなった分だけ、より多くの熱が生まれるはずだ。表面積よりも体積のほうが速く大きくなるので、1平方メートルの地面から放出される熱の総量はどんどん増加するだろう。

とはいえ、それで地球の温度が実質的に上がるところまではいかない。地球の表面温度を決める最大の要因は大気と太陽なのだ。しかし、火山が増え、地震が増え、地殻運動も活発になるだろう。放射性物質が今より多く、マントルももっと高温だった、数十億年前の地球の状況にそっくりだ。

プレートの活動が激しくなることは、生物にとってはいいことかもしれない。プレートテクトニクスは地球の気候を安定させるうえで重要な役割を果たしており、地球より小さな惑星（たとえば火星）は、地殻の活動を長期にわたって維持できるだけの内部熱を持っていない。大きな惑星ほど地質学的活動が盛んになる。一部の科学者たちが、地球より大きな太陽系外惑星（「スーパー・アース」）のほうが、地球程度の大きさの惑星よりも生物に適していると考えているのもこのためだ。

（8）ウランなど、重い放射性元素もあるが、これらの原子は、これほど深いところにある岩石の結晶格子にはうまく収まらず、押し出されてしまう。詳しくは、次の URL を参照のこと。http://igppweb.ucsd.edu/~guy/sio103/chap3.pdf and this article: http://world-nuclear.org/info/Nuclear-Fuel-Cycle/Uranium-Resources/The-Cosmic-Origins-of-Uranium/#.UlxuGmRDJf4.

100年後（$t = 100$年）

100年後、私たちは$6\,G$を超える重力を受けているだろう。食べ物を探すために歩き回ることができないのはもちろん、心臓が脳へ血液を送ることもできなくなる。移動で

きるのは小さな昆虫（と海洋生物）だけになっているだろう。人間は、特別に設計された気圧を調整できるドームのなかで、体のほとんどを水に浸した状態で過ごしながら、なんとか生き延びることができるだろう。

この状況で呼吸するのは困難になるだろう。水の重さに逆らって空気を吸い込むのは至難の業だ。じつは、シュノーケルの機能するのが着用者の肺が水面近くにあるときだけなのもこのためだ。

減圧ドームの外ではまた別の理由で、空気は呼吸に適さなくなっている。じつは6気圧ぐらいになると、普通の空気でさえ有毒になるのだ。それ以外のすべての問題をなんとかしのいで生き延びたとしても、100年が経過するころまでには、人間はすべて酸素中毒で死んでしまっているだろう。毒性は別としても、高密度の空気のなかで呼吸するのは、それが重いというだけの理由で難しい。

ブラックホール？

地球がブラックホール化するのはいつごろだろう？

これに答えるのは難しい。というのも、そもそもの質問の前提が、地球の半径は一定のペースで長くなるが、地球

の密度は変化しないということだったからだ。ブラックホールのなかでは密度は高くなるのだ。

主に岩石でできている地球型惑星で、ものすごく大きなものがどのような変遷をたどるかについてはあまり研究されていない。というのも、そんな惑星が実際に形成される具体的な可能性が見当たらないからだ。それほど大きな惑星は、水素とヘリウムを集められる十分な重力を形成期からもっているので、巨大ガス惑星になるというのが自然の摂理なのである。

私たちが今検討している膨張する地球は、ある時点に達すると、質量が新たに加わることで膨張ではなく収縮するようになる。この点を過ぎると、地球は崩壊して、物質を吐き出す白色矮星か中性子星のようなものになって、その後も質量が増えつづけるとすれば、最終的にはブラックホールになるだろう。

しかし、そこまでいく前に……

300年後（$t = 300$年）

……残念ながら人類は終焉を迎えるだろう。というのも、約300年後、すごいことが起こるからだ。

地球が大きくなるにつれて、すべての人工衛星と同じく月も、らせんを描きながら徐々に地球に近づいてくる。数世紀後、膨張した地球と月とのあいだの潮汐力が、月を一体に保っている月の重力よりも強くなるところまで月が地球に接近する。

この、ロシュ限界と呼ばれる距離を越えると、月は次第にばらばらになり、ほんの短いあいだだけだが、地球に輪

ができる。

輪のある地球がお好みなら、初めっからロシュ限界の内側に質量を持ち込んでおけばよかったのに。

---

(9) ごめんね、月。

無重力で矢はどう飛ぶか

質問. 重力がゼロで、地球と同じ大気が存在する環境で、弓から放たれた矢が空気の摩擦で停止するにはどれくらいの時間がかかりますか？

矢はいつか停止して、そのまま空中に浮かびつづけるのでしょうか？

——マーク・エスタノ

答.

これは珍しいシチュエーションではない。たとえばあなたが巨大な宇宙ステーションのなかにいて、弓矢を使って誰かを射ようとしている、というのがまさにそうだ。

普通の物理の問題とは反対のシナリオだ。重力を考慮に入れ、空気抵抗は無視するのが普通で、その逆ということはまずない。[1]

お察しのとおり、空気抵抗のせいで矢はだんだん遅くな

---

[1] それに、普通宇宙飛行士を弓矢で射たりはしない——少なくとも、学士号審査の試験問題では。

無重力で矢はどう飛ぶか　159

り、やがて止まる……ものすごく遠くまで飛んだあとに。幸い、飛んでいるあいだ、誰かに危険を及ぼすようなことはあまりないはずだ。

　どんなことになるのか、もっと詳しく見てみよう。

　たとえば、あなたが矢を秒速85メートルで放ったとしよう。これは、メジャーリーグで速球と呼ばれるものの約2倍の速さで、最高級複合弓の秒速100メートルよりは少し遅い。

　矢はまたたくまに減速するだろう。空気抵抗は速度の2乗に比例するので、速く飛んでいるとき、矢は大きな抵抗を受ける。

　放たれて10秒後、矢は400メートル飛んでいるはずで、速度は秒速85メートルから秒速25メートルまで落ちている。秒速25メートルは、普通の人間が矢を投げたときに矢が飛ぶ速さにほぼ等しい。

（訳注：レゴラスは「スパルタ」の章でも登場した、『指輪物語』に登場する弓の名手）

この速さでは、矢の危険性ははるかに低くなる。

　ハンターたちの経験から、矢の速度が少し変わるだけで、射殺せる動物の大きさが相当違ってくることが知られている。重さ25グラムの矢が秒速100メートルで飛んでいる

場合、ヘラジカやクロクマを狩るのに使える。同じ矢が秒速70メートルだと、遅すぎてシカも殺せない。私たちのシナリオだと、シカではなくて宇宙ジカだろうが。

これより遅くなると、矢はもう特に危険ではなくなる。しかし、まだ止まりはしない。

5分後、矢は1.5キロは飛んだところで、歩く速さぐらいに減速しているはずだ。この速度では、矢には空気抵抗はほとんどかからない。矢はごくゆっくりと減速していきながら、そのまま飛びつづけるだろう。

この時点で、矢は地球で放たれた矢が到達できるよりもはるかに遠いところまで飛んでいる。平らな地面の上でなら、最高級の弓は矢を2、300メートルの距離飛ばすことができるが、手で弓に矢をつがえて射た世界記録は、1キロメートルを少し超えるくらいである。

この記録は1987年、ドン・ブラウンによって打ち立てられた。ブラウンは細長い金属の棒を、伝統的なものとはずいぶんかけはなれた弓で射て、記録樹立を果たしたのだ。

「そして、レゴラス、あなたには
ドン・ブラウンの弓を与えましょう。
私たちにはおぞましくて、
とても手が出せなかったのです」

矢の飛行が分ではなく時間で計るほど長くなり、矢がますます減速してくると、矢のまわりの気流が変化する。

空気の粘性はきわめて低い。つまり、空気はねばねばしない。したがって、空気のなかを飛んでいる物体が抵抗を受けるのは、空気の分子どうしがくっつきあっているからではなく、物体が進路をふさいでいる空気を押しのける際に空気に運動量を奪われるせいなのである。ハチミツで満たされた浴槽のなかで手を前に押し出すときに感じる抵抗ではなくて、水を張った浴槽のなかでそうするときに感じる抵抗に近い。

「ハチミツ風呂しか入んないんだったら、蛇口なんかいらないじゃん」

2、3時間経つと、矢の動きはきわめて遅くなり、その結果ほとんど動いているようには見えなくなるだろう。この時点で空気はあまり動いていないと仮定すると、空気は水ではなくハチミツのように振舞いはじめるだろう。そして矢はごくゆっくりと、減速し静止にいたる。

矢がどこまで到達するか、正確な値は矢の形状しだいで結構変わる。矢の速度が遅い場合、矢の形が少しでも変わると、矢周辺の空気の流れは劇的に変化する。だが、少なくとも矢は数キロメートル飛び、もしかすると5キロから

10キロぐらいは飛ぶかもしれない。

ここで問題にぶつかる。現在、地球大気に近い空気の状態で無重力が維持されている環境は、国際宇宙ステーション（ISS）しかない。そして、ISSの最大の実験棟、「きぼう」は、全長が10メートルしかないのだ。

したがって、あなたがこの実験を実際に行なっても、矢は10メートル以上は飛ばないわけだ。その矢はそこで止まるか、誰かの1日を台無しにしてしまうかのどちらかだろう。

太陽を失った地球

質問.
太陽の光が突然消えたら、地球はどうなりますか?
——ものすごく大勢の読者

答.

これはおそらく、〈ホワット・イフ?〉にダントツで頻繁に投稿される質問だと思う。

私が今までこの質問に答えていなかった理由のひとつは、すでによそで答が出されているからだ。「太陽の光が消えたらどうなるか」をグーグルで検索してみれば、状況をくまなく分析した優れた解説がたくさん検索結果として出てくる。

しかし、この質問の投稿は増えてくる一方なので、私なりに最善を尽くして答えることにした。

もしも太陽の光が消えてしまったら……

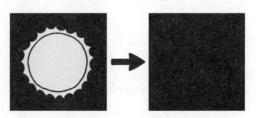

図1. 消えつつある太陽 :(

どんな経緯で消えるかは気にしないことにする。太陽の進化を速めて、冷たい死んだ星にしてしまう方法を人類が突き止めたと仮定してしまおう。さて、地球にいるわれわれには、どんな影響が出るだろう？

影響が出てくる点をいくつか見てみると……

太陽フレアのリスクが低下する

1859 年、大規模な太陽フレアと磁気嵐が地球を襲った。磁気嵐のせいで電線に電流が流れた。人間にとってはあいにくなことに、1859 年までには地球は電信線ですっぽりくるまれていた。磁気嵐はこれらの電線に強力な電流を引き起こし、通信を不可能にし、電信機器が発火した例まであった。

1859 年以降、地球にはさらに多くの電信線が張り巡らされている。1859 年の磁気嵐が今ふたたびわれわれを襲ったとすると、アメリカ 1 国だけでも数兆ドルの経済的損害を被るだろうと国土安全保障省は見積もっている。これは、これまでにアメリカに上陸したハリケーンをすべて足し合わせたものを超える被害だ。もしも太陽の光が消えたなら、この脅威は消え去るだろう。

衛星通信サービスの向上

通信衛星が太陽の前を通過する際、衛星の無線信号が太陽にかき消され、通信サービスが中断する可能性がある。太陽が活動を停止すれば、この問題は解決するだろう。

天文学の向上

太陽がなければ、四六時中地上観測ができるようになるだろう。空気の温度が下がることで、大気雑音も低下し、補償光学システムの負担が軽減され、より鮮明な画像が得られるようになるだろう。

宇宙塵の安定化

太陽光がなければ、太陽光圧に由来するポインティング＝ロバートソン効果がなくなり、宇宙塵を太陽を周回するが減衰しない、すなわち太陽に向かって落ちていかない軌道に置くことが、ついにできるようになるはずだ。そんなことをやりたい人がいるかどうかはわからないが、たで食う虫も……と言うことだし。

インフラコストの低減

運輸省の見積もりでは、今後20年間、アメリカのすべての橋を修理したりメンテナンスしたりするために、1年あたり200億ドルのコストがかかるという。アメリカの橋のほとんどは水の上にかかっている。だが、もしも太陽がなくなれば、氷の上にアスファルトを細長く伸ばして、その上を車が走るようにするだけでよくなり、コストを低減できるだろう。

通商もより手軽に

世界がいくつもの時間帯に分かれているせいで、通商には余計なコストがかかっている。おかげで、自分の地域とは違う時間帯にオフィスがある相手と取引をするのは難し

い。もしも太陽の光が消えたなら、時間帯を設ける必要がなくなり、世界中でUTC（協定世界時）を採用して、世界経済にはずみをつけることができるだろう。

子どもたちはより安全に

ノースダコタ州保健局によれば、6カ月未満の乳児は直接日光にあたらせないようにすべきだという。日光がなくなれば、われわれの子どもたちは今より安全になるだろう。

戦闘機のパイロットもより安全に

明るい日光にさらされるとくしゃみが出る人は多い。このような反射が起こる原因はまだ不明であり、飛行中の戦闘機のパイロットにとっては危険となる可能性もある。もしも太陽が輝かなくなれば、パイロットのこのような危険は低減されるだろう。

パースニップも危険でなくなる

野生のパースニップ（サトウニンジン）は、意外に厄介な植物だ。パースニップの葉にはフラノクマリンという化学物質が含まれている。この物質は、何の症状も起こすことなく、人間の皮膚に吸収される。だが、症状がないのは最初だけで、その後（数日後、あるいは、数週間後）皮膚が日光にさらされると、フラノクマリンの化学的性質によって火傷のような症状が起こる。植物性光皮膚炎と呼ばれる過敏症だ。太陽が光を出さなくなれば、私たちはパースニップの脅威から解放されるだろう。

ハイキングお役立ち情報：
野生のパースニップに出くわしたときは、こうしてください。

　要するに、もしも太陽が活動停止したなら、私たちは生活の多くの側面でさまざまな利益を受けるだろう。

このシナリオにマイナス面はあるだろうか？

　私たち全員が凍え死ぬだろう。

印刷したウィキペディアを更新する

質問. ウィキペディア全体（たとえば英語版ウィキペディア）を印刷して所持しているとして、オンライン版で加えられる変更に遅れないように印刷版を更新するには、プリンターは何台必要ですか？

——マライン・ケーニヒス

答. これだけです。

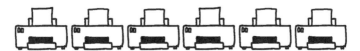

デートの相手から家に誘われて行ってみたら、リビングルームに数台のプリンターが1列に並んでいて、どれもプリントアウト中だったら……どうよこれ？

意外に少ないね！　しかし、リアルタイムに更新される紙のウィキペディアを実際に作りはじめる前に、そのために導入するプリンター群はどんな仕事を担わされるのか、そしてそれにはどれくらいのコストが必要なのか、見てみよう。

ウィキペディアを印刷する

ウィキペディアを印刷することを考えた人はこれまでにもいる。ロブ・マシューズという学生は、ウィキペディア編集者により「秀逸な記事」と認定されたものを逐一印刷

し、厚みが50センチ以上もある本を作った。

もちろん、これはウィキペディアから、そのごく一部を切り取っただけにすぎない。このオンライン百科事典の全体は、それよりはるかに大きいだろう。ウィキペディアのユーザー、Tompwは、現時点の英語版ウィキペディア全体の大きさを、紙に印刷したら何巻になるかを計算するツールを作った。現在すでに、たくさんの本棚を埋め尽くすであろう冊数になっている。

しかし、ウィキペディアに加えられる「編集」に遅れずについていくことは難しそうだ。

遅れずについていく

現在英語版ウィキペディアは、1日あたり約12万5000から15万件の編集を受けている。1分あたりだと、90から100件だ。

平均的な編集の「語数」を計る方法を定義してもいいのだが、それはほとんど不可能なほど難しい。さいわい、その必要はない。編集1件あたり、どこかの1ページを印刷しなおせばいいだけだとみなしていいだろうから。実際には、複数のページを変更する編集もたくさんある。しかし、元に戻す編集もたくさんあるわけで、その場合は過去に印刷したページを元の場所に戻せばいいだけだ。[1] 編集1件につき1ページの変更というのは、妥当な妥協点だと思われる。

（1） このために必要なファイリング・システムを構築するのは精神に変調をきたすほど困難だろう。私は、これを設計したいという衝動と必死に闘っているところだ。

ウィキペディアで標準的な、写真、表、文章の混じったページを印刷する場合、高性能インクジェット・プリンターなら毎分 15 ページぐらいのペースで印刷できるだろう。ということは、編集に遅れずについていくには、常時約 6 台のプリンターが働いていればいいだけだということになる。

紙はものすごい勢いで積みあがっていくだろう。私はロブ・マシューズが作った本を出発点にして、手計算で現在の英語版ウィキペディアの大きさを概算してみた。記事 1 件あたりの平均の長さと、すべての記事の長さとの比に基づいて概算し、プレーンテキストの形式でウィキペディアすべてを印刷したとすると、300 立方メートルになると見積もった。

一方、編集に遅れずについていきたいなら、毎月 300 立方メートルの紙を印刷しなければならないだろう。

毎月 50 万ドル

プリンター 6 台というのはそれほど多くないが、6 台とも四六時中働いていることになるのだ。そしてそれは高くつく。

必要な電力は安いものだろう──1 日あたり 2、3 ドルといったところだ。

紙は 1 枚あたり 1 セントぐらいだろうから、1 日あたり紙代に 1000 ドルかかることになる。1 日 24 時間、日曜から土曜まで休みなしに、プリンターを管理してくれる人を雇わないといけないだろうが、それは実際紙よりも安いだろう。

プリンターそのものの値段も、高すぎるというほどではなかろう。恐ろしいペースで新しいプリンターに交換しなければならないとしても。

しかし、インクのカートリッジのコストは悪夢のごとき高さとなるだろう。

インク

クオリティーロジック社の調査によると、標準的なインクジェット・プリンターの実際のコストは、白黒印刷の1ページあたり5セントから、写真印刷の1ページあたり30セントまでの幅がある。だとすると、インク・カートリッジ代として1日あたり数千ドルを費やすことになるわけだ。

レーザー・プリンターを購入されることを断然お勧めする。さもないと、このプロジェクトを開始してほんの1、2カ月のうちに、50万ドル費やすことになってしまう。

だが、じつはさらに大きな問題があるのだ。

2012年1月18日、インターネットの自由を制限する法律が提案されたことに抗議するため、ウィキペディアはすべてのページの表示を中止した。もしもウィキペディアがいつかまた表示中止を決行し、あなたがその抗議に同調したいと考えたとすると……

……あなたはマーカーを箱買いして、すべてのページを自分の手で真っ黒に塗りつぶさなければならなくなるだろう。

私はぜったいデジタル版を使いつづけるね。

死者のFacebook（書）

質問. Facebookのプロフィールのうち、死んだ人のものが生きている人のものより多くなることがあるでしょうか？ あるとすればそれはいつごろでしょう？

——エミリー・ダナム

（訳注：ヽは《キャンディークラッシュ》というゲームの効果音）

「ゲームするんならヘッドフォンしろよ！」
「無理だよ。耳が取れちゃうよ」

答.

2060年代もしくは2130年代だろう。

Facebookには死んだ人はあまりいない。(1) その主な理由は、Facebookもそのユーザーたちも、若いことにある。Facebookは、ユーザーの平均年齢こそここ2、3年で上がったが、年配の人よりも若者のほうが依然として使用率が高い。

（1） ともかく、本書執筆の時点では、まだロボット流血革命も起こっていなかったので。

過去

Facebookの成長率と、Facebookのユーザーの年齢構成が時とともにどう変化してきたかに基づいて推測する と、Facebookのプロフィールを作成したあと死亡した人は1000万から2000万人ほどだと思われる。

この死者たちは、現時点では、あらゆる年齢層にわたりほぼ均等に分布している。60代、70代の人に比べ若者の死亡率ははるかに低いにもかかわらず、Facebook上の死者全体に若者がそこそこの割合を占めているのは、Facebookのユーザーには若者が圧倒的に多いという単純な事実ゆえだ。

高齢になったコリイ・ドクトロウが、未来の人々が過去に彼が着ていただろうと想像すると思しき衣装を身にまとってコスプレをしているところ。

未来

2013年に死亡したアメリカ人のFacebookユーザーは約29万人と推定される。2013年に世界全体で死亡したFacebookユーザーは数百万人にのぼると思われる。Facebookユーザーの年間死者数はたった7年のうちに2倍になり、さらに7年経つと、そのまた2倍になるだろう。

仮にFacebookが明日登録を締め切ったとしても、2000

（2） 各年齢層のユーザー数は、Facebookの「広告を作成」から知ることができる。ただし、Facebookには年齢制限があるために、一部の人々は自分の年齢を偽っていることを考慮せねばならないだろう。

年から2020年までの期間に大学生だった世代が年を取るにつれて、年間死亡者数は今後何十年にもわたって増加しつづけるだろう。

死者が生者を上回るようになるのはいつかを決める最大の要因は、死者が増加しているというこの傾向をしばらくのあいだ抑えるに十分速いペースで、生きたユーザー——若者なら申し分なし——をFacebookが新たに獲得できるかどうかだ。

2100年のFacebook

そんなわけで、Facebookの未来について検討してみよう。

私たちは、Facebookがいつまで存続するか、確実なことを何か言えるほどにはまだソーシャルネットワークを経験していない。たいていのウェブサイトは、いっとき急に盛り上がって、その後徐々に人気がなくなってしまうので、Facebookもこのパターンをたどると仮定するのは理にかなっていると思われる。(4)

（3）　おことわり：これらの予測のうちいくつかで、私はアメリカの年齢層別利用状況のデータを、Facebookのユーザーベース全体に拡張して当てはめた。というのも、国ごとのデータを使って、Facebook利用者の世界全体を把握するよりも、アメリカの国勢調査の結果と実際の数を見出すほうが簡単だったからだ。アメリカが世界の理想的なモデルだというわけではないが、「利用者数は今後しばらく増えつづけ、その後頭打ちになるが、若者のFacebook利用がFacebookの成功・不成功を決める」などの基本的な動向は、ほぼ世界全体で共通だと思われる。現在、国民がより若く、より急速に人口増加している発展途上国では、Facebookの利用も急速に飽和状態に近づくと仮定すると、重要なことが起こる時期は数年ずつぐらいいずれるだろうが、全体像は、みなさんが期待されるほどには変わらないだろう。

このシナリオでは、今世紀後半に Facebook が市場シェアを失いはじめ、その後決して回復しなくなる時点、すなわち、Facebook の転換点——死者が生者を上回る日でもある——は、2065 年ごろ訪れるだろう。

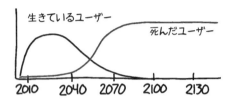

だが、そうはならないかもしれない。もしかしたら、TCP プロトコルのように、その上にほかのものがいろいろ構築される一種のインフラのようなものになって、Facebook は不動の支持を得るようになるかもしれない。

もしも Facebook が何世代も使われつづけるなら、転換点は 2100 年代半ばまでずれ込むかもしれない。

（4） これら人気を失ったサイトは、過去のデータを消去してはいないものと私は踏んでいる。これまでのところ、これは無理のない仮定のようだ。したがって、あなたが Facebook のプロフィールを作成したことがあるなら、そのデータは今なお存在しているだろうし、何かのインターネット・サービスをかつて利用していたが今はもう使っていない人の大部分は、わざわざ自分のプロフィールを消したりしないだろう。このような行動が変化したり、あるいは Facebook がアーカイブを大掃除して使われていないアカウントを削除したりしたなら、バランスは急激に、予測できない変化を起こすだろう。

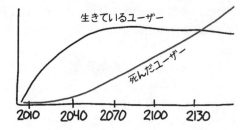

とはいえやはりそれはなさそうだ。永遠に続くものなど存在しないし、コンピュータ・テクノロジーの上に築かれたものはどれも、急速に変化するのがお決まりだ。10年前には永続的なものと思われたウェブサイトやテクノロジーの残骸が、そこらへんにごろごろ転がっている。

実際の転換点は、この2つの予測のあいだのどこかに来そうだ[5]。私たちは成り行きを見守るしかないだろう。

私たちのアカウントの運命

Facebookには、私たちのページやデータをすべて無期限に保存できるだけの金銭的余裕がある。生きているユーザーは常に、死んだユーザーよりも多くのデータを作り出すし[6]、頻繁に更新するユーザーこそ容易にアクセスできなければならない。したがってたとえ死んだ（あるいは、まったく更新しない）人たちのアカウントがFacebookのユ

（5） もちろん、Facebookユーザーの死亡率が急激に上昇したなら――おそらく、人類全体の死亡率上昇に伴って――、転換点は明日にも訪れるだろう。
（6） そうであることを私は願っている。

ーザーの大部分を占めるようになったとしても、Facebookのインフラ予算全体のなかで大きな割合を占めることはおそらくないだろう。

　それよりも重要になると思われるのは、私たちの意思決定だ。これらの亡くなった人々のページを、私たちはどうしたいのか？　私たちがFacebookに削除してくれと要求しないかぎり、デフォルト設定ではおそらく、Facebookはすべてのもののコピーを永遠に保存するだろう。仮にFacebookは保存しないとしても、ほかのデータ吸い上げ組織が保存するだろう。

　今では、死んだ人のFacebookプロフィールを最近親者(さいきんしん)がメモリアル・ページに模様替えして故人の記念にすることができるようになっている。しかし、パスワードやプライベートなデータへのアクセスをめぐっては、まだ「こうすればいい」という社会規範が定まっていない問題点がたくさんある。故人のアカウントにいつまでもアクセスできていいのか？　どんなものをプライベートにすべきなのか？　最近親者はメールにアクセスする権利を持つべきか？　メモリアル・ページにコメントを書き込めるようにすべきだろうか？　「トローリング（釣り）」や「荒らし」にはどう対処すればいいのか（トローリングは、単に多くの反応がほしいとか、場を荒らして面白がるためだけに、議論の火種となるようなネタを投稿すること。「荒らし」は、サイトに集まる人々が不快に思う妨害行為を頻繁に行なうこと）？　人々は死んだユーザーのアカウントと交流できるべきなのか？　死者のアカウントを載せたほうがいいのは、「友だち」が持っているどんなリストだろうか？　などなど。

これらは、私たちが目下試行錯誤を重ねて整理しようとしている最中の問題だ。死というものは、これまでも感情を掻き立てる、難しい大きな問題だったのであり、それにどう対処するかについては、それぞれの社会が独自の規範を作ってきた。

　人間の生活を形作る基本的な要素は変化しない。私たちはこれまでもずっと、食べ、学び、成長し、恋に落ち、戦い、死んできた。私たちは、これら1組の不変の行為の周辺に、場所、文化、テクノロジーの進み具合に応じて、異なる行動規範を作ってきたのだ。

　私たちの前に存在したすべての集団と同じく、私たちも、私たちの独特の活動の場で、これら不変のゲームを行なうにはどうすればいいかを学びつつある。私たちは、混乱に陥ることもある試行錯誤をとおして、デート、議論、学習、インターネットでの成長に関する新しい社会規範を構築しつつある最中なのだ。いかにしてインターネット上で故人をしのぶかについても、私たちはまもなくはっきりさせることができるだろう。

14人が「いいね！」と言っています。

大英帝国の日没

質問. 大英帝国で日が沈んだのはいつですか(そんなことが起こっていたらの話ですが)?

——カート・アムンゾン

答.

大英帝国ではまだ日は沈んでいない。だがそれは、ディズニー・ワールドよりも狭い場所に住んでいる数十人の人々のせいだ。

世界最大の帝国

かつて大英帝国は地球全体に広がっていた。このことから、大英帝国では太陽が沈むことはないという言葉が生まれた。常に大英帝国のどこかは昼間だからだ。

この長い昼がいつ始まったのか、正確なところを明らかにするのは難しい。そもそも、植民地の所有権を主張する(ほかの人々がすでに暮らしている土地なのに)という行為からして恐ろしく理不尽なことだ。要するにイギリス人たちは、世界の海を帆船で回り、手当たり次第にビーチに国旗を掲げていくことで彼らの帝国を築き上げたのだ。このため、ある国のある場所がいつ「正式に」大英帝国に加えられたかを特定するのは難しい。

大英帝国の日没 181

「あそこの影になっているところはどうなの?」
「それはフランスだよ。近々われわれのものにしてやる」

(訳注:「太陽の光が……」は『ライオン・キング』のムファサのセリフ)

　大英帝国で太陽が沈まなくなった正確な日は、18世紀後半から19世紀前半のあいだのどこかで、オーストラリアの土地が初めて帝国に加えられたときのことだと思われる。

　大英帝国の大部分は20世紀前半に崩壊した。しかし言葉の定義上、驚くべきことに太陽はまだ大英帝国の上で沈みはじめてすらいない。

14の領土

　イギリスは14の海外領土を持っている。大英帝国時代の直接の名残りだ。

大英帝国は世界中の陸地に広がっている。

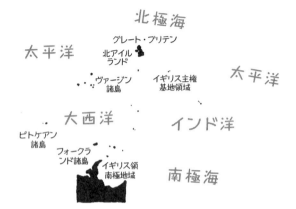

新たに独立した植民地の多くがイギリス連邦に加わった。そのなかには、カナダやオーストラリアのように、エリザベス女王を正式な君主とする国々もある。だが、これらの国はそれぞれ独立国家であり、たまたま女王を共有しているだけにすぎず、どんな帝国にも属していない。[1]

14あるイギリス領(イギリス領南極地域を数えなければ13)のすべてで同時に太陽が沈んでいることは絶対にない。しかし、イギリスがとある小さな領土を失うと、ここ200年以上で初めて、大英帝国全体で日が沈んでいる状態が実現する。

毎晩グリニッジ標準時の午前零時ごろ、太陽はケイマン

---

(1) 世に知られているどんな帝国にも、ということだが。

諸島で沈み、午前1時を過ぎてようやく、イギリス領インド洋地域で再び昇る。この1時間、太陽の光が当たっているイギリスの領土は、南太平洋に浮かぶ小さなピトケアン諸島だけになる。

ピトケアン諸島の人口はたった数十名だ。彼らは英国海軍艦船バウンティ号の反乱兵たちの子孫だ。2004年、島司(とう)を含む成人男性の島民の3分の1が未成年者への性的虐待で有罪になったことで、ピトケアン諸島は世界の注目を集めた。

いかに破廉恥な諸島だろうが、ピトケアン諸島はイギリス連邦に留まっている。彼らが追い出されない限り、200年続いたイギリスの昼は今後も続くだろう。

それは永遠に続くのだろうか？

うーん、たぶん。

2432年4月、ピトケアン諸島では、反乱兵たちがやってきて以来初めて皆既日食が起こる。

大英帝国にとってありがたいことに、この日食が起こるとき、太陽はカリブ海のケイマン諸島の上にある。この領域では皆既日食にはならない。ロンドンではまだ燦々と日が照っているはずだ。

実際、今後1000年間に起こる皆既日食で、大英帝国の昼を中断させるタイミングでピトケアン諸島を通過するものはない。イギリスが現在の領土と国境を維持するなら、イギリスの昼は途方もなく長いあいだ続くだろう。

しかし、永遠にではない。ついには——何千年も未来のことだが——ピトケアン諸島で皆既日食が起こり、大英帝

国で日が沈むときが訪れるだろう。

お茶をかき混ぜる

質問. 先日、カップに入った熱いお茶をぼんやりとかき混ぜていたのですが、そのときふと、「あれ、じつは僕は、このカップのなかに運動エネルギーを加えてるんじゃないのかな?」と思ったのです。

普通かき混ぜるのはお茶を冷ますためですが、もっと速くかき混ぜたらどうでしょう? かき混ぜることでカップのお茶を沸騰させることはできますか?

——ウィル・エヴァンズ

答.

ノー。

基本的な考え方は間違っていない。温度は運動エネルギーに過ぎない。お茶をかき混ぜるとき、あなたはお茶に運動エネルギーを加えており、そのエネルギーはどこかに行く。お茶は、空中に浮かぶとか、光を放射するとか、派手なことは何もしないので、そのエネルギーは熱へと変化しているに違いない。

お茶の入れ方、間違ったかな?

その熱が感じられないのは、あなたが加えている熱の量が少ないからだ。水の温度を上げるには大量の熱が必要なのだ。日常目にする物質のなかで、水は体積あたりの熱容量が最も大きい。(1)

室温にある水を2分間で沸騰寸前まで加熱したいなら、次の式からわかるように、かなりのパワーが必要だ。(2)

$$1\text{カップ} \times \text{水の熱容量} \times \frac{100℃ - 20℃}{2\text{分}} = 700\text{ワット}$$

このように、2分でカップ1杯の水をお湯にしたいなら、700ワットの動力源が必要になる。一般的な電子レンジの出力は700から1100ワット（日本の家庭用電子レンジの場合は200〜1000ワット）なので、お茶を入れるためにカップ1杯の水を加熱するには約2分かかる。物事の帳尻がきっちり合うのは気分がいいね！(3)

カップ1杯の水を電子レンジで2分間加熱すると、ものすごい量のエネルギーが水に与えられる。ナイアガラの滝の一番上から落ちるとき、水は運動エネルギーを獲得し、

（1）　水素とヘリウムは、質量あたりの熱容量（1モルの物質の温度を1℃上げるのに必要な熱量）は水より大きいが、どちらも拡散性の気体だ。これ以外に質量あたりの熱容量が水よりも大きい物質はアンモニアだけだ。この3つはどれも、体積あたりで比較すると水にはかなわない。
（2）　注意：沸騰寸前の水を沸騰させるには、そこまで加熱するのにかかったエネルギーに加え、さらに大量のエネルギーを一気に与えなければならない。気化のエンタルピーと呼ばれるものだ。
（3）　そうはいかないときは、「非効率性」や「渦」のせいにするのが私たちの常だ。

その運動エネルギーは滝の落下点では熱に変わる。しかし、それだけの距離を落ちたあとも、水の温度は1度の数分の1も上がらない。[(4)] カップ1杯の水を沸騰させるには、大気圏の一番上よりも高いところから落とさねばならない。

（イギリスのフェリックス・バウムガルトナー）

（訳注：スカイダイバーのフェリックス・バウムガルトナーはオーストリア人だが、お茶好きなイギリスのフェリックス・バウムガルトナーというジョークと思われる）

人間がかき混ぜて、電子レンジと張り合うなんて可能なのだろうか？

業務用ミキサーのいろいろな技術レポートにある数字を元に推定すると、カップ1杯のお茶を必死にかき混ぜることで、1000万分の1ワットの効率で熱を加えることができるようだ。なかったことにしてもまったく問題ないほどの、微々たる熱だ。

---

(4) （ナイアガラの滝の高さ）×（重力加速度）／（水の比熱）＝ 0.12℃

じつのところ、かき混ぜることの物理的効果は、ちょっと複雑だ。大部分の熱はカップの上で対流する空気によって奪われてしまうので、お茶は上から下に向かって冷えていく。かき混ぜることで底のほうから熱いお湯が新たに上に運ばれるので、かき混ぜはこのプロセスを促進する。しかし、これ以外のことも起こっている——かき混ぜることで空気が乱れ、カップの側面が温められるのだ。データなしには、本当のところ何が起こっているのか、はっきりしたことはわからない。

　幸い、私たちにはインターネットがある。Q&Aサイト、〈スタック・エクスチェンジ〉のユーザー、drhodesは、お茶を冷ますときかき混ぜるのと、かき混ぜないのと、カップに何度もスプーンを浸すのと、カップを持ち上げるのとで、冷却率にどんな違いが出るかを比較測定した。ありがたいことに、drhodesは結果を高解像度のグラフと生データの両方で公開してくれた。これは、専門誌の論文が束になってもかなわない情報量だ。

　そこから私が達した結論はこうだ。かき混ぜようが、スプーンを浸そうが、何もせず放っておこうが、たいした

（5）　液体を混ぜ合わせることで、その温度を保つことができる場合もある。高温の水は上昇するので、水の体積が大きく、十分静かな場合（海のように）、表面に高温層が形成される。この高温層は、そこに低温層があった場合よりも急速に熱を放出する。水をかき混ぜて、この高温層を乱すと、熱損失率は低下する。

　ハリケーンが前進するのをやめると勢力が衰えるのもこのためだ。ハリケーンの波が海をかきまわして海底から冷たい水が上がってくると、最大のエネルギー源だった海面の薄い高温層からハリケーンが切り離されてしまうわけだ。

違いはない。お茶はほぼ同じペースで冷めていく（ただし、スプーンを浸したり出したりする方法では、少しだけほかの方法よりも速くお茶が冷めたが）。

こうして私たちは元々の質問に戻ってきた。「一生懸命かき混ぜれば、お茶を沸騰させられますか？」という質問だ。

答はやはり「ノー」だ。

最初の難点はパワーだ。問題のパワー、700 ワットは約 1 馬力なので、2 分間でお茶を沸騰させたいなら、お茶を一生懸命かき混ぜられる馬が少なくとも 1 頭必要だ。

もっと時間をかけてお茶を加熱するなら、必要なパワーはもっと小さくて済むが、あまりパワーを減らすと、冷めるペースが加熱するペースと同じくらいになってしまう。

スプーンを猛烈な勢いで動かして、毎秒数万回かき混ぜることができたとしても、今度は流体力学の効果が障害になってくる。これほどの猛スピードでは、お茶はキャビテーションを起こす。すなわち、スプーンの経路に沿って真

空が形成され、かき混ぜの効率が低下してしまう。(6)

そして、お茶がキャビテーションを起こすほど激しくかき混ぜたとすると、お茶の表面積が急激に増加し、数秒で室温まで冷めてしまうだろう。

どんなに激しくかき混ぜても、お茶の温度が上がることはなさそうだ。

---

(6) 完全にカバーで覆われたタイプのミキサーの場合、これを利用して実際に中身を温めることができるものも存在する。だが、ミキサーでお茶を入れる人なんているだろうか？

雷も総がかり

（訳注：「王さまの馬も家来も総がかり」という、マザー・グースの詩句のもじり）

質問． ある1日のあいだに世界中で生じるすべての雷が、あるひとつの場所で1度に生じたなら、その場所はどうなりますか？
　　　　　　　　　　　　　　──トレヴァー・ジョーンズ

答．

「雷は同じところに続けては落ちない」と、よく言われる。

そんなことを言う人は間違っている。進化論的な観点から言って、こんなことわざがいまだに使われているのはちょっと驚きだ。そんなことを信じる人は、生きている人々のあいだから徐々に除外されていくはずだという気がするのだが。

進化とはこのように進むもの。そうでしょう？

雷の電力を集めて使うことはできないものかと考える人は多い。これは一見理屈に合っているように思える。なんと言っても雷は電気だし、1回の落雷の電力はかなりの量にのぼる。問題は、望むところに落雷させるのが難しいと

いうことだ。

　一般的な落雷がもたらすエネルギーは、住宅1軒に約2日間電力を十分供給できる程度のものだ。ということは、毎年約100回落雷を受けているエンパイア・ステート・ビルディングでさえも、雷だけでは家1軒に必要な電力をまかなえないということになる。

　フロリダやコンゴ民主共和国の東部地域など、世界的に雷が多い地域でも、日光によって地面に届けられるエネルギーのほうが、雷がもたらすエネルギーよりも100万倍も多い。雷で発電するのは、竜巻で風力タービンを回転させて風力発電するようなものだ。最高だねじつに非現実的だ。

タービン
竜巻をおびき
寄せるエサ

（1）　典拠：私がマサチューセッツ州アサウォンプセット小学校3年生のクラスでベンジャミン・フランクリンの格好をして行なったプレゼンテーション。
（2）　しかも同じところには続けて落ちないというじゃないか。
（3）　この話が気になる人がいるかもしれないのでご説明しておくと、たしかに私は、通過する竜巻を使って風力タービンを回すことの現実味を探るべくちょっと計算してみた。その結果、この方法は雷を集める以上に非現実的だということがわかった。竜巻多発地帯の中心部の平均位置を通過する竜巻は、4000年に1個しかないのだ。その竜巻に蓄積されたエネルギーをすべて吸収することができたとしても、長期的には、出力できる平均電力は1ワットに満たないだろう。まさかと思われるだろうが、このようなことが実際に試みられたことがある。AVEtecという会社が、「ボルテックス・エンジン」という人工竜巻発生装置を作って、それを使って発電してはどうかと提案したのだ。

トレヴァーの雷

　トレヴァーが想定しているのは、世界中の雷がひとつの場所で生じるという状況だ。もしこんなことが起こるなら、それを利用した発電というのはなかなか魅力的な話になってきそうだ。

「ひとつの場所で生じる」とは、雷がすべて互いに平行に、しかもできるだけ接近した状態で、1束になって空から落ちてくることだと解釈しよう。雷の主要経路——電流が流れる経路——の直径は約1、2センチメートルだ。私たちが今考えている雷の束は、約100万の雷を含んでいるので、直径は約6メートルになるはずだ。

　サイエンス・ライターはみな、何でもかんでも広島に投下された原子爆弾と比較するので、私たちも先に進む前にその仕事を片付けておこう(4)。この束状の雷は、原子爆弾2個分ほどのエネルギーを大気と地面に与える。もっと実用的な見地から言えば、これはゲーム機1台とプラズマテレビ1台に数百万年にわたって電力を供給しつづけるに十分な電力だ。言い換えれば、アメリカ全体の電力消費を……5分間だけだが……支えることができる量になる。

　稲妻そのものは、バスケットボールのセンターサークルよりちょっと大きめなぐらいと推測される。しかし、落ちた地面には、バスケットボールのコート全体と同じくらい

（4）　ナイアガラの滝は、広島に投下されたのと同じ規模の原爆が**8時間に1個爆発している**のに匹敵するエネルギーを放出している。長崎に投下された原爆は、**広島型の1.3倍**の威力があった。もうちょっと全体像を広げるためにお知らせすると、大草原を吹き渡るそよ風も、広島型原爆とほぼ等しい運動エネルギーをはらんでいる。

の大きさのクレーターが残るだろう。

ドーン！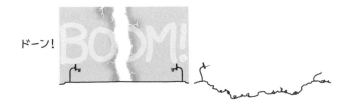

　稲妻の内部では、空気は高エネルギー・プラズマになるだろう。この稲妻の光と熱で、周囲数キロにわたってあらゆる表面が発火するだろう。衝撃波で樹木はなぎ倒され、建物は破壊されるだろう。全体としてみれば、広島の原爆との比較はそれほど外れてはいない。

　発電どころか、自分の身だって守れるかどうか、というところではなかろうか。

避雷針

　避雷針がどんなからくりで機能しているのかを巡っては、まだ議論が定まっていない。避雷針は地面から大気へと電荷を「逃がす」ことによって雷雲と地面とのあいだの電位差を小さくして、落雷の確率を低下させることで落雷を防いでいるのだと主張する人々もいる。しかし全米防火協会（NFPA）は、現在この説を支持してはいない。

　NFPAがトレヴァーの大゛雷について何と言うか、私にはわからないが、避雷針があってもこの大雷から守ってはくれないだろう。直径1メートルの銅のケーブルなら、理論的には、融けることなく、大雷からの瞬間的な大電流を

よそへ流すことができるだろう。残念ながら、大雷が避雷針の下端に達するとき、地面はその大電流を効率よく流すことはできないだろうから、融けた岩が爆発して、やはりあなたの家は壊れてしまうはずだ。[(5)]

もうちょっとパワーが控えめなものを試したらどう?

カタトゥンボ雷

世界中の雷を1ヵ所に集めるのはどう見ても不可能なので、ひとつの地域からすべての雷を集めることにしてはどうだろう?

常に雷が発生している場所は地球上には存在しないが、それに近い状況の場所がベネズエラにある。マラカイボ湖の南西、カタトゥンボ川の河口部で、じつに奇妙な現象が起こる。夜間、激しい雷雨が絶え間なく続くのだ。湖の上と、湖の西側の陸地の上との2ヵ所で、ほぼ毎晩激しい雷雨が起こる。この雷雨で、2秒に1本雷が発生し、マラカイボ湖は世界の雷の都となっている。

何らかの方法で、1晩のうちに発生するカタトゥンボ雷をすべて集めて1本の避雷針を通して流し、巨大な蓄電器

---

(5) いずれにせよ、空気中に生じたプラズマからの熱放射のおかげで、あなたの家にはすでに火がついているはずだ。

に蓄えれば、ゲーム機とプラズマテレビ1組を約100年間にわたって働かせるに十分な電力が確保できるだろう。(6)

　もちろん、これが実現したなら、あのことわざには一層の修正が必要になる。

ねえ、このことわざ知ってる？──
「雷はいつも同じところに落ちる。
その場所はベネズエラにある。
そこに立っちゃだめだ」
っていうの。

（6）　マラカイボ湖南西部の気象データをモバイルで配信するサービスは存在しないので、衛星インターネット接続のプロバイダーと契約しなければならないだろうが、これだと常に数百ミリ秒遅れることになる。

いちばん寂しい人

質問. これまでにひとりの人間が、生きているほかのすべての人間からいちばん遠く離れて過ごした、その距離はどれぐらいですか? その人は寂しかったでしょうか?

——ブライアン・J・マッカーター

答.

正確なところを知るのは難しい。

最も可能性が高いのは、6度のアポロ打ち上げの際に司令船の操縦士を務め、他の乗組員が月面着陸を行なっているあいだ、ひとりで月周回軌道に残っていた人々だ。マイク・コリンズ、ディック・ゴードン、スチュアート・ルーサ、アル・ウォーデン、ケン・マティングリー、そしてロン・エヴァンズである。

この6人は、アポロミッションでほかの2人の宇宙飛行士が月面着陸しているあいだ、ひとり司令船に残った。月周回軌道の最も高い点に司令船があったとき、この6人は仲間の宇宙飛行士たちから約3585キロメートルも離れていた。

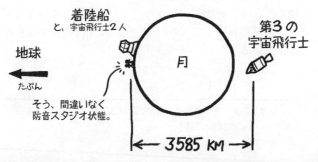

逆の視点から見れば、これは残りの人類が、これらちょっと変わった宇宙飛行士たちから最大限の距離を置いた記録とも言える。

この記録に関しては、宇宙飛行士たちが大本命だとみなさんは思われるかもしれないが、じつは話はそれほど単純ではない。宇宙飛行士とかなりいい勝負をしているほかの候補者たちもいるのだ。

ポリネシアの人々

絶えず人が住んでいるところから3585キロメートル離れるのは難しい[(1)]。太平洋の広い範囲に広がった最初の人間であるポリネシア人たちが、それを実現したことがあるかもしれない。しかしそのためには、一匹狼の船乗りが、ほかのみんなよりも途方もなく先んじて航行せねばならなかっただろう。そういうことも起こったかもしれない——おそらく偶然、嵐のために船団から1艘だけ引き離されて遠くまで運ばれたなどの事情だったと思われる——が、私たちが確かなことを知る可能性は極めて低いだろう。

太平洋が植民地化されてからは、誰かが3585キロメートルもほかから離れて孤立できるような場所を地球上で見つけることは一層難しくなった。今では南極大陸にも研究者たちが常時居住しているので、それはほぼ確実に不可能となっている。

（1） 地球が湾曲しているため、実際には地表で測って3619キロメートル離れていなければならない。

南極探検家たち

　南極探検の時代、幾人かの探検家たちが、宇宙飛行士の記録を上回れそうなところまで到達した。そしてそのうちの一人が実際の記録保持者だという可能性がある。その人物は、ロバート・スコットだ。

　ロバート・ファルコン・スコットはイギリスの探検家だったが、悲壮な最期を遂げた。スコットの探検隊は1911年に南極に到達したが、そのときすでにノルウェーのロアルド・アムンゼンという探検家が数カ月も前に南極点到達を果たしていたのだった。落胆したスコットとその一行は海岸に向かって引き返しはじめたが、ロス棚氷を通過する途中で全員が死亡した。

　このとき最後まで生き残った一人が、ごく短いあいだだけだが、地球上で最も孤立した人間だった可能性がある。だが彼は（誰だったかはともかく）、ほかの南極探検基地のスタッフや、ニュージーランドのスチュアート島（マオリ語でラキウラ）のマオリ族など、何人もの人間と 3585 キロメートル以内の距離にあった。

　候補者はほかにも大勢いる。フランスの水兵、ピエール・フランソワ・ペロンは、南インド洋のアムステルダム島に置き去りにされたと言う。もしもそうなら、彼は宇宙飛行士たちを負かせそうなところまでいったことになるが、やはりモーリシャス、オーストラリア南西部、マダガスカルの端などから十分離れてはおらず、最も孤立した人間には該当しない。

（2）　アムンゼンの探検隊は、そのころまでにはもう出発していた。

正確なところは、どうやら私たちには決してわからないようだ。18世紀、乗っていた船が難破して救命ボートで南極海を漂っていた水兵が、最も孤立した人間のタイトルを保持しているのかもしれない。しかし、はっきりした歴史的証拠が何か出てくるまでは、6人のアポロ宇宙飛行士たちが、タイトルに最も近いとみなすべきだろう。

やれやれ。これで、ブライアンの質問の後半に取り組むことができる。「その人は寂しかっただろうか？」という問題だ。

寂しさ

アポロ11号の司令船操縦士マイク・コリンズが地球に帰還したあとのこと、自分はまったく寂しくは感じなかったと言った。彼は自著の『火を運ぶ——ある宇宙飛行士の旅路』（未訳）のなかで、そのときの経験をこう記している。

> 寂しいとか、置き去りにされたなどと感じるどころか、自分も月面で進行していることの一部なのだという強い感覚があった……。孤独感を否定するつもりはない。孤独には感じたし、私が月の裏側に隠れた瞬間に地球との無線通信が突然切れてしまうたび、その感覚は一層強まった。
>
> 今私は一人だ、ほんとうに一人だ、そして、知られているあらゆる生き物から完全に隔てられている。私は他者と何の関係もない「それ」でしかない。人数を数えたなら、月の向こう側には30億プラス2人、こ

ちら側には、一人のほかに誰が、あるいは何がいるのかは神のみぞ知る、だ。

アポロ15号の司令船操縦士、アルフレッド・ウォーデンは、その経験を楽しみさえした。

　一人でいることと、寂しく感じること。この2つは違う。私は一人だったが寂しくはなかった。私は元々空軍の戦闘機のパイロットで、その後テストパイロットになった——それもほとんどが戦闘機の。だから私は一人でいることにはとても慣れていた。一人を存分に楽しんだ。デイヴとジムに話しかける必要ももうなかった……。月の裏側で、私はヒューストンにすら話しかける必要がなかった。そしてそれは、アポロ15号の司令船操縦で一番おいしいところだった。

内向的な人にはよくわかるだろう。史上最も孤独な人間は、2、3分間の安らぎと静けさを味わえることで、ただひたすら幸せだったのだ。

〈ホワット・イフ?〉のウェブサイトに寄せられた変な(そしてちょっとコワい)質問 その11

質問. イギリスのグレート・ブリテン島にいる人全員がどこかの海岸に行って、一斉にオールで漕ぎはじめたらどうなるでしょう? グレート・ブリテン島は少しは動くんじゃないでしょうか?

——エレン・ユーバンクス

質問. 火の竜巻って、ありえるんですか?

——セス・ウィッシュマン

火の竜巻、いわゆる火災旋風は、
実際に起こる現象だ。
これですべて言いつくされていて、
私にはひと言も加える余地がない。

雨粒

質問. 暴風雨に含まれている水分がすべて寄り集まって、ひとつの巨大な雨粒になって落ちてきたら、どうなりますか？

——マイケル・マクニール

答.

真夏のカンザス。蒸し暑い。ポーチでは2人の老人がロッキングチェアに座っている。

南西の地平線に、いかにも不吉な雲が出てきた。雲は近づきながらもくもくと塔のように高くなり、頂上は金床状(かなどこ)に平らに広がってくる。

優しいそよ風だったものが次第に激しさを増していき、風がウィンドチャイムを鳴らすのが聞こえた。空は暗くなってきた。

湿気

空気には水分が含まれている。地面から大気圏の一番上まで、壁を作って空気を柱状に囲い、囲った内部の空気を

冷却すると、そこに含まれていた水分が凝集して雨になって降ってくる。その雨水を柱の一番下で集めたとすると、ゼロから数十センチメートルの深さになるだろう。この深さが、空気の総可降水量（total precipitable water, TPW）と呼ばれるものにあたる。

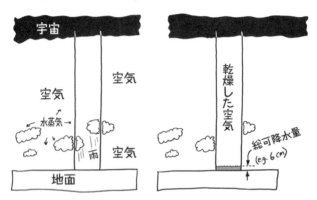

普通、TPWは1、2センチメートルだ。

このように表される水蒸気量を人工衛星が地球上のあらゆる地点で測定し、掛け値なしに美しいマップをいくつか作成している。

この問題への答を考えるにあたって、暴風雨の範囲は、1辺が100キロメートルの正方形だとしよう。さらに、そのTPWは6センチメートルだとする。このように仮定すると、私たちの暴風雨の体積は、

$$100\text{km} \times 100\text{km} \times 0.00006\text{km} = 0.6\text{km}^3$$

となる。

これだけの量の水は、6億トンの重さがあるだろう（偶然ながら、今現在のヒトという種全体の重さにけっこう近い）。通常は、この量の水の一部だけが——最大で深さ6センチメートル分が——雨として降り、散らばる。

この暴風雨では、これだけの水のすべてがひとつの巨大な雨粒に凝集する。それは、直径1キロメートルを超える球になる。ここではこの雨粒は地上2、3キロメートル

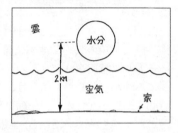

の高度で形成されるものと仮定しよう。たいていの雨はこのぐらいの高さで凝集するのだから。

凝集した雨粒は落下しはじめる。

5、6秒のあいだ、地上からは何も見えない。やがて、雲の底が下に向かって膨らみはじめる。一瞬、漏斗雲が形成されるのかと思える。しかしその後、雲の膨らみは広がり、10秒後、雨粒の底が雲から現れる。

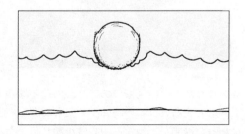

今や雨粒は秒速90メートル（時速320キロ）で落下している。暴風が水の表面を乱し、しぶきを作る。空気が強制的に水のなかに押し込まれ、雨粒の先端は泡状になる。もしも雨粒が十分長い時間落下しつづけるなら、これらの力によって巨大雨粒は徐々に分散され、普通の雨になるところだ。

　だが、そうなってしまう前に、形成されてから約20秒後、巨大雨粒の先端が地面に届く。このとき水は秒速200メートル（時速720キロ）の速度で動いている。雨粒が地面にぶつかったその真下では、空気が雨粒をよけるだけの時間の余裕がないので、圧縮された空気が急激に加熱され、そこに草が生えていたなら、時間があれば発火するだろう。

　草にとっては運よく、この熱は2、3ミリ秒しかもたない。というのも、大量の冷水が落ちてきて、一気に冷却されてしまうからだ。しかし草にとってはあいにく、この冷水は音速の半分を超える猛スピードで落ちてくるのだ。

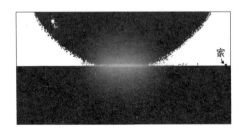

　もしもあなたがこの出来事のあいだ、雨粒の球の中心に浮かんでいたとすると、この瞬間まで何もおかしいとは感じていなかったはずだ。雨粒の中心はかなり暗いだろうが、

数百メートル泳いで雨粒の端に行くだけの時間（と肺活量）があれば、昼間の光を感じることができるだろう。

雨粒が地面に接近するにつれ、空気抵抗が蓄積して圧力が増し、耳鳴りがしてくるだろう。しかしその数秒後、水が地表に接した瞬間に、あなたは押しつぶされて死んでしまう。衝撃波のせいでほんの短いあいだ、マリアナ海溝の底の水圧を超える圧力が生じるからだ。

水は地面のなかに突進していくが、岩盤は水を通さない。圧力が大きいので、水は強制的に水平方向へ向かい、全指向性の超音速ジェット⁽¹⁾となって、行く手にあるすべてのものを破壊する。

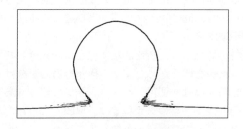

巨大雨粒だったものが変じた水の壁は外に向かって1キロ、また1キロと膨張していき、進みながら木、家、そして表土を引き裂いていく。家、ポーチ、そしてお年寄りは、瞬時に跡形もなく消されてしまう。2、3キロメートル以内のものはすべて除去され、岩盤の上に泥の池だけが残さ

（1） 英語では、スーパーソニック・オムニディレクショナル・ジェット。私がこれまでに見た最もクールな三語熟語かもしれない。

れる。水は勢いよく外に向かって進みつづけ、20から30キロメートル以内にある構造物をすべて破壊するだろう。この2、30キロの距離までくると、山や巨大な突起物の陰になるものは被害を免れるようになり、洪水は自然の谷や水路に沿って進みはじめる。

　平らで広い地域は、この巨大雨水の被害をそれほど受けないが、洪水の下流側数百キロメートルの領域では、雨粒落下後数時間以内に鉄砲水が発生するだろう。

　この不可解な災害のニュースは、少しずつ世界に伝えられていくだろう。衝撃と困惑が広がり、しばらくのあいだ、空に新しい雲が現れるたびに集団パニックが起こるだろう。最も恐るべき災害は雨であるという恐怖の前に世界はひれ伏す。しかし、同じような災害が再び起こる兆候がないまま数年が経過する。

　大気科学者たちは、断片的な情報をつなぎ合わせて、何が起こったかを明らかにしようと何年も努力を続けるが、説明らしいものは一切得られない。やがて彼らはあきらめるが、その後この謎の気象現象は、原因となったのが「とんでもなく厄介なひと粒の雨粒」であったことから、ある研究者が当時流行していた「ドロップ」という暴力的なリフの特徴的な音楽ジャンルの名を取って「ダブステップ・ストーム」と命名、このシンプルな名前で呼ばれるようになるのだった。

── SAT にあてずっぽうで答える ──

質問. SAT の受験者が全員、すべての選択問題をあてずっぽうで答えたならどうなりますか？ 何人が満点を取れますか？
—— ロブ・ボールダー

答.

ゼロ人だ。

SAT（アメリカの大学進学適性試験。Scholastic Assessment Test の意だが、SAT が正式名称）は、アメリカの高校生たちが受けさせられる標準テストだ。その採点方法からすると、ある種の状況では、あてずっぽうで答えるのが功を奏することもある。しかし、すべてをあてずっぽうで答えるとなるとどうだろう？

SAT のすべてが選択問題というわけではないので、話を単純にするため、選択問題だけに注目することにしよう。全員が小論文と数字記入問題を正しく解答したものと仮定する。

2014 年版の SAT では、選択問題の数は数学のセクションで 44 問（数量を答えるもの）、批判的読解のセクションで 67 問（定性的に答えるもの）、そして新たに加わったライティングのセクションで 47 問だった。どの問題にも 5 つの選択肢があるので、あてずっぽうで答えた場合の正答率は 20 パーセントになる。

（1） 私が SAT を受けたのは大昔のことなので。あしからず。

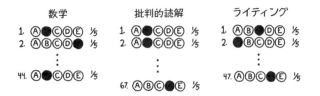

158問すべてで正解する確率は、

$$\frac{1}{5^{44}} \times \frac{1}{5^{67}} \times \frac{1}{5^{47}} \fallingdotseq \frac{1}{2.7 \times 10^{110}}$$

となり、仏典に出てくる無量大数（10^{68}）よりはるかに大きな矜羯羅（10^{112}）に迫るようなとてつもない数にひとつとなる。

　全米にいる400万人の17歳が全員SATを受験し、全員があてずっぽうに答えたとすると、3つのセクションのどれをとっても、全問正解者はいないことはほぼ確実だろう。

　ならば、「ほぼ確実」とはどのぐらい確実なのだろう？　たとえば、彼らがコンピュータを使って毎日100万回SATを受け、これを50億年続けたら――太陽が膨張して赤色巨星になり、地球が焦げた燃え殻になるころまで――、そのうち1人が、たとえば数学一科目だけ全問正解する確率は約0.0001パーセントである。

　これはどれぐらいありえないことなのだろう？　毎年、約500人のアメリカ人が雷に撃たれる（年間平均の落雷による死者数45人と、落雷による死亡率が9から10パーセントであることを元に推測）。このことから、任意のアメ

リカ人 1 人が、ある年に雷に撃たれる確率は、約 70 万分の 1 となる。[2]

すなわち、あてずっぽうで SAT に全問正解する確率は、生きている元大統領すべてと、《ファイヤーフライ　宇宙大戦争》の主な出演者たちの全員が、違う場所にいながら同じ日のうちに雷に撃たれる確率よりも低いことになるわけだ。

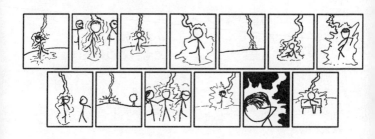

今年 SAT を受験するすべてのかたの幸運を祈る――が、運だけでは十分ではない。

（2） xkcd, "Conditional Risk," http://xkcd.com/795/ を参照。

中性子弾丸

質問. 地球の表面で、中性子星と同じ密度の弾丸をピストルで発射したとすると（どうやって発射できたかは考えないとして）、地球は壊滅しますか？

――シャーロット・エインズワース

答.

中性子星と同じ密度の弾丸は、エンパイア・ステート・ビルディングと同じぐらいの重さがあるはずだ。

ピストルから発射してもしなくても、この弾丸はまっすぐ地面のなかを落ちていき、まるで岩などウェット・ティッシュか何かのように地殻を貫くだろう。

ここでは次に挙げる、2つの異なる問題について考えてみたい。

- この弾丸が通っていくことで、地球にはどんな影響が出るだろう？
- この弾丸を地表に置いたままにしておくなら、周囲にはどんな影響が生じるだろう？　私たちは弾丸に触れることができるだろうか？

まず、少し背景説明をしよう。

中性子星っていったい何？

中性子星とは、巨星が自分の重さに耐えかねて崩壊したあとに残る残骸だ。

恒星はバランスの上に存在している。恒星が持つ強力な重力は、つねに恒星を内側に向かって崩壊させようとしているが、この圧迫によって数種類の力が生まれ、これらの力が、外向きに分散させるように作用して、恒星が内向きに圧縮されるのを防いでいる。

　太陽の内部で崩壊を食い止めているのは、核融合で生じる熱だ。核融合燃料を使い果たすと恒星は収縮し（数回の爆発を含む複雑なプロセスにしたがって）、その収縮は、物質がほかの物質と重なって存在することを禁止する量子力学的な法則によって停止されるまで続く[1]。

　十分重い恒星は、この量子論的圧力を克服してさらに収縮していき（この過程で、一段と大きな爆発が1度起こる）、中性子星になる。爆発で残ったものがもっと重い場合には、中性子星ではなくブラックホールになる[2]。

　中性子星は、この世で見つかる最も重い物体の1つだ（密度が無限大のブラックホールのほかに、ということだが）。中性子星は自分が持っている、とほうもなく大きな重力によってつぶされて、コンパクトな量子力学的スープになっている。ある意味、山1つ分の大きさをした1個の原子核みたいなものだと言っていい。

（1）　電子どうしが接近しすぎないように防いでいるのがパウリの排他原理だ。この原理が、ラップトップ・コンピュータをひざの上（ラップトップ）に載せても脚を通り抜けて下に落ちてしまわない主な理由の1つにほかならない。
（2）　中性子星よりも重いが、ブラックホールになるほど重くはないものが残る可能性がある。「ストレンジ星」と呼ばれる特殊な星だ。

私たちが今考えている弾丸は中性子星なのか？

ノー。シャーロットの質問は中性子星と同じ密度の弾丸についてであって、実際の中性子星を形成する物質から作った弾丸についてではない。これはいいことだ。というのも、中性子星の物質で弾丸を作ることはできないのだから。崩壊しつつある重力井戸の内側から中性子星の物質を取り出したとすると、その物質は再び膨張して、どんな核兵器よりも強力なエネルギーを放射しながら、超高温の普通の物質に変わるだろう。

だからこそシャーロットは、一種摩訶不思議な、中性子星と同じ密度をもちながら安定な物質で作ることを提案したのだと思われる。

この弾丸は地球にどんな影響を及ぼすか？

これを銃で撃つ一連の過程を見ていってもいいのだが、ただつまんで落としたほうが面白いかもしれない。(3) いずれにせよ、下向きに加速する弾丸は地面に突っ込み、地球の中心に向かって穴を掘り進むだろう。

こんなことが起こっても地球が壊滅したりはしないだろうが、ものすごく奇妙なことになるだろう。

弾丸が地表から7、80センチもぐると、弾丸の重力に大量の泥が引きずり込まれ、その泥が落下していく弾丸の周囲で激しく波立ち、しぶきとなって四方八方に飛び散る。弾丸が地球内部へと進むのにともなって地面のゆれが感じ

（3） これは、腕を引きちぎられることなく構えることのできる、絶対に壊れない不思議な銃でなければならない。腕の話はこのあと出てくるので、今は心配しないで。

中性子弾丸 215

られ、弾丸は射入孔のない、ぐちゃぐちゃに崩れたクレーターを残すだろう。

弾丸は地殻をまっすぐ突き抜ける。その震動は、地表ではすぐにおさまってしまうだろう。しかし、はるか下のほうでは、弾丸は落下しながら、前方にあるマントルを押しつぶし蒸発させていく。行く手を阻む物質を強力な衝撃波で吹き飛ばして進み、背後には超高温プラズマの跡が残されるだろう。宇宙史上に前例のない、地下の流れ星とでも呼ぶべき出来事である。

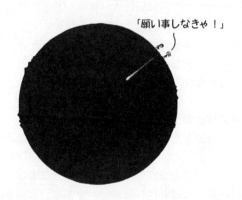

地球の中心、ニッケルと鉄からなる核に達して、ついに弾丸は停止する。それまでに地球に与えられたエネルギーは、人間の尺度では膨大な量だろうが、地球にしてみればほとんど何の影響もないほどのものだ。弾丸の重力が及ぶのは、その周囲 10 から 12 メートル以内の岩だけだろう。弾丸は地殻を突き抜けるほど重くても、その重力単独では、岩を激しく破壊するほどの強さはないだろう。

孔はふさがってしまい、その後永遠に、弾丸には誰も触れることはできなくなるだろう。(4)やがて、ついに地球が年老いて膨張した太陽に飲み込まれるとき、弾丸は太陽の核に到達し、そこで永眠するだろう。

太陽そのものは、中性子星になれるほどの密度はない。地球を飲み込んだあと、太陽は膨張と収縮のプロセスをいくつかとおり、最終的には落ち着いて、小さな白色矮星になるだろう。そしてその中心には、弾丸がなおも残ったままだろう。遠い未来のある日、宇宙が今の数千倍も高齢になったころ、この白色矮星はさらに冷却して、黒色矮星になり光も出なくなるだろう。

以上が、弾丸が地球の内部へと撃ち込まれた場合に何が起こるかという答だ。だが、この弾丸を地表付近にとどめておいたらどうなるか？

弾丸を頑丈な台の上に置く

まず、この弾丸を載せる、無限の強度を持ったありえないような台が必要だ。その台は台そのものと同様の強度を持ち、弾丸の重さを外に逃せるだけの十分な広さのある土台の上に設置しなければならない。さもないと、みんなひとまとまりになって地面の下へと沈んでいく。

（4） キップ・デュロン（ルーク・スカイウォーカーの弟子であるジェダイマスター）がフォースを使って引き戻さないかぎり。

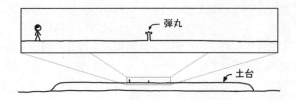

　街の区画1ブロック分の大きさがある土台なら、少なくとも2、3日は、おそらくもっと長く、弾丸を地上にとどめておくだけの強度があるだろう。なにしろ、エンパイア・ステート・ビルディング——この弾丸とほぼ同じ重さがある——は同様の土台の上に建っており、建ってから2、3日以上経っている[要出典]し、地中へと消えていったりはしていない[要出典]のだから。

　この弾丸に大気が吸い取られてしまうこともないだろう。周囲の空気は圧縮され、温度も少し上がるのは間違いないが、意外なことに、私たちが気づくほどの変化はないだろう。

弾丸に触れることはできるか？

　そうしようとしたらどうなるか、想像してみよう。

　この弾丸が及ぼす重力は強い。だが、それほどは強くない。

あなたがこの弾丸から 10 メートルのところに立っているとしよう。この距離では、あなたは台の方向にごくわずかに引っ張られるのを感じるだけだ。あなたの脳は不均一な重力には慣れていないので、あなたがゆるやかな斜面に立っているのだと解釈する。

ローラースケートは履かないように。

あなたが台に向かって歩くにつれ、脳はこの、自分が思い描いている架空の斜面の傾斜がどんどん急になっていくように感じる。まるで地面が前方に傾斜していっているかのように。

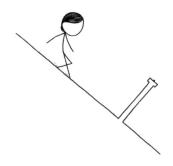

2、3メートルのところまで近づくと、前に滑り落ちないようにするのはひと苦労になる。しかし、何かの手がかりか標識にしっかりしがみつけば、弾丸にかなり接近できる。

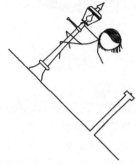

ロスアラモスにいた物理学者たちなら、この状況を「ドラゴンの尾をくすぐる」ようなものだと言ったかもしれない。

（訳注：1945年から翌年にかけ、ロスアラモス研究所で未臨界量のプルトニウムの塊が実験に使われたが、この塊は些細な刺激で臨界に達する危険があり、実験にはどんな失敗も許されなかった。その状況についてリチャード・ファインマンが茶化して「眠ったドラゴンの尾をくすぐる」ようなものと言った）

でも、さわりたい！

さわれるほど近づくには、何かとことんしっかりつかまることのできるものが必要だ。実際そうするには、全身を支えるハーネスを装着するか、最低限でも頸椎カラーを付けなければならないだろう。手が届く範囲にまで近づくと、自分の頭が小さな子どもぐらいの重さになったように感じるはずだ。そして体内の血液は、どちら向きに流れればいいのかわからなくなる。しかし、あなたが日頃何Gもの加速度がかかるのに慣れている戦闘機のパイロットなら、うまくやれるかもしれない。

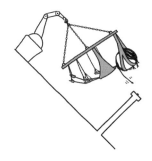

　この「角度」に達すると、全身の血液が頭に押し寄せてくるが、呼吸はまだできる状態だろう。

　さわろうと腕を伸ばすと、弾丸からの引力はなお一層強まる。20センチまで接近すると、もはや後戻りできなくなる。あなたの指がそのラインを越えると、腕が重すぎてもう引っ込められなくなるのである（あなたが片腕懸垂を何回もできるなら、もう少し近くまで行けるかもしれない）。

　5、6センチまで接近すると、あなたの指にかかる力は圧倒的になり、指はグイッと前に引っ張られ——あなたとともに、あるいは、あなたを置き去りにして——、弾丸に触れることができるだろう（おそらく指と肩の関節は外れた状態で）。

　あなたの指先が実際に弾丸と接触するとき、指先の血圧があまりに強くなり、血液が皮膚を破って外に出てしまうだろう。

　《ファイヤーフライ　宇宙大戦争》でリバー・タムが、「適切な採血システムさえあれば、8.6秒あれば人体から

血液を完全に抜くことができる」と言ったのは有名だ。

この弾丸に触れることで、あなたはまさに適切な採血システムを実現したことになる。

あなたの体はハーネスで固定されており、あなたの腕は体につながったままだ——肉体は意外に強い。しかし血液はあなたの指先から、想定されるどんなペースよりはるかに速く流出していく。リバーが言う「8.6秒」は、控えめな推測かもしれない。

このあと、事態は奇妙なことになってくる。

血液は弾丸を包み込み、徐々に大きくなる赤黒い球となり、その表面はブーンと音をたてながら振動して波立つが、その波は超高速で動くので目には見えない。

ちょっと待って

ここで重要になってくる事実がひとつある。

あなたは血液中では浮く。

血液の球が大きくなるにつれて、あなたの肩にかかる力は弱まる……なぜなら、あなたの指先のうち、血液表面より下にある部分には大きな浮力が生じるからだ。血液は肉体より比重が大きく、あなたの腕にかかる重さの半分は、あなたの指の先端の2つの関節から来ている。血液溜まり

の深さが2、3センチメートルに達すると、負荷はそうとう軽くなる。

血液の球が深さ20センチメートルになるまで待てれば——そしてあなたの肩が無傷なら——、腕を弾丸から引き離すことができるかもしれない。

問題がひとつ。血液が深さ20センチに達するには、あなたの体内にある5倍の量の血液が必要なのだ。

腕を引き戻すのは無理らしい。

振り出しに戻ろう。

塩、水、ウォッカを使って中性子弾丸に触れる方法

あなたは、弾丸に触れ、かつ生き残ることができる……ただし、弾丸を水で包む必要がある。

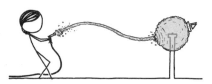

ぜひご家庭で試して、その様子をビデオに撮って私に送ってください。

ほんとうに頭のいいやり方をしたかったら、ホースの片端を水のなかに垂らして、あなたに代わって、弾丸の重力に水を吸い上げてもらうのがいい。

弾丸に触れるためには、弾丸の側で1、2メートルの深さになるまで水を台の上に注ぐ。水は、次のどちらかの形になるだろう。

中性子弾丸 223

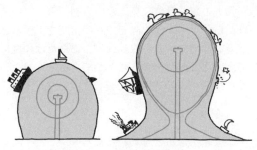

これらの船が万一沈んだ場合、救助することはできない。

では、あなたの頭と腕をこの水に浸けて。

水のおかげで、何の問題もなく、弾丸の周囲で手を振り回すことができる！ 弾丸はあなたを引っ張っているが、あなただけではなく、同時に水も同じ強さで引っ張っている。これらの圧力のもとでも、水は（肉体と同じく）事実上圧縮不可能なので、重要なものは何も押しつぶされない。[(5)]

しかし、結局は弾丸に触れるところまではいかないだろう。指があと数ミリまで接近したとき、重力が極めて強いため、浮力が大きな役割を担うようになる。あなたの手が水より少しでも低密度なら、手は最後の1ミリを進むことができない。少しでも高密度なら、引き込まれてしまう。

ここでウォッカと塩の出番だ。手を近づけて、弾丸が指先を引っ張っていると感じたなら、指に浮力が足りないということだ。塩を少し混ぜて、水の密度を上げるといい。

（5） 腕を引き抜くとき、手の血管中の窒素の気泡が原因で潜水病になるかもしれないので、症状がないか気をつけるように。

逆に指が弾丸の端の目には見えない表面で滑っているのが感じられたら、ウォッカを混ぜて水の密度を下げるといい。

ちょうどいいバランスが取れれば、あなたは弾丸に触れ、生還して、人にこの話をすることができる。

たぶん。

代案

リスクが大きすぎると思われるだろうか？　心配ご無用。この、弾丸に触れるために、水、塩、ウォッカを使うプランは、飲み物の歴史のなかで最も難しいカクテル、「**ザ・ニュートロン・スター**」のレシピにもなっているのだ。

というわけで、ストローを手に、どうぞ召し上がれ。

……ひとことご注意を。あなたが飲んでいるニュートロン・スターに誰かがチェリーを落とし、それが底に沈んでしまっても、拾い上げようとしないこと。絶対に取れないので。

〈ホワット・イフ?〉のウェブサイトに寄せられた変な(そしてちょっとコワい)質問 その12

質問. ライム病を持ったダニを飲み込んだとすると、どうなりますか? 胃酸でダニもライム病の菌も死んでしまいますか? それとも、体の中から外までライム病になってしまいますか?

——クリストファー・ヴォーゲル

「念のために、ダニを殺すために何か飲みこんだほうがいい。
たとえば、アカカミアリなど。
それから、アカカミアリを殺すためにハリアリ類の寄生バエを飲み込んで。
次に、クモを1匹見つけて……」

質問. 旅客機の内部では共鳴周波数が比較的均一であるとすると、「この旅客機を墜落させる」には、何匹のネコに、この旅客機の、どの共鳴周波数で鳴かせればいいでしょうか?

——ブリタニー

「もしもし、FAA(連邦航空局)ですか?
そちらの搭乗拒否リストに『ブリタニー』という名前はありますか?
……はい、ネコ数匹を伴った。それ、彼女のようですね。
結構です。気づいておられるか確かめたかっただけですので」

リヒター・マグニチュード15

質問. リヒター・マグニチュード15の地震がアメリカの、たとえばニューヨーク・シティで起こったらどうなりますか? リヒター・マグニチュード20や25ではどうなりますか?
——アレック・ファリド

答.

正式には、リヒター・スケールに代わって「モーメント・マグニチュード[1]」が使われることになっているのだが、どちらも地震が発するエネルギーの大きさを表す数値だ。数値には上限も下限もないが、普通私たちが耳にする地震はリヒター・スケールでマグニチュード3から9なので、最大が10で最小が1と思っている人が多いのではないだろうか。

じつのところ、10はスケールの上限ではないが、ほとんど上限みたいなものだ。マグニチュード9の地震でさえ、地球の自転に対し、測定可能なほどの影響を及ぼす。今世紀起こった2つのマグニチュード9強の地震はどちらも、

---

(1) 同様に、竜巻の強度を測るための藤田スケールに替わって使われるようになった、改良藤田スケールというものもある。ある測定単位が使われなくなるのは、ものものしすぎるからやめようよ、ということもまれにはある(キロ重量ポンドや立方キロフィート毎秒、ランキン度〔華氏温度〕といったものがそうだ)(私はこれらの単位を用いて書かれた専門の科学論文を参照しなければならなかった)。そのほかは、科学者が人に難癖をつけたいだけなんだろう? と疑いたくなるケースがほとんどである。

1日の長さをほんのわずか変化させた。

マグニチュード15の地震は10^{32}ジュール近いエネルギーを解放するが、これは地球の重力による束縛エネルギーにほぼ等しい。言い方を変えれば、『スター・ウォーズ』で、銀河帝国の最終兵器である宇宙要塞デス・スターのレーザーによって蒸発させられてしまった惑星オルデランは、マグニチュード15の地震に相当するエネルギーを浴びせられたと言ってもいい。

「オルデラン地質調査局は、マグニチュード15の地震で、すべての地震計が蒸発して消えてしまったことを確認しました」

理屈のうえでは、地球上でももっと強い地震が起こる可能性はあるが、現実には、たとえそんなに大きな地震が起こっても、舞い上がる瓦礫の雲がより高温になるだけだろう。

太陽は重力の束縛エネルギーが地球よりはるかに大きいので、マグニチュード20の地震が起こってもおかしくない（実際そんなことが起こったら、ほぼ間違いなくある種のカタストロフィックな新星の形成が誘引されるだろうが）。知られている宇宙で最も強力な地震は、とほうもなく重い中性子星を作っている物質のなかで起こるもので、ほぼこれぐらいのマグニチュードだ。これは、地球と同じ体積に水素爆弾を詰め込み、一斉に爆破したときに解放さ

れるのとほぼ等しいエネルギーを発する。

　私たちは、大きくて激しいものについての話に多くの時間を費やしがちだ。しかし、スケールの下の端についてはどうだろう？　マグニチュード0の地震なんてあるのだろうか？

　ある。実際、リヒター・スケールはゼロを越えてずっと下まで続いている。ここで、マグニチュードが低い地震をいくつか見てみよう。そして、それらの"地震"があなたの家にどれくらいの影響を及ぼすかもご説明しよう。

マグニチュード0

　ダラス・カウボーイズ（テキサス州ダラスを本拠地とするプロ・アメリカンフットボールのチーム）が全速力で走りながら、あなたの隣人のガレージの壁に激突する。

マグニチュード・マイナス1

アメリカンフットボールの選手がひとり走りながら、あなたの家の庭の木に激突する。

マグニチュード・マイナス2

ネコが1匹ドレッサーから落ちる。

マグニチュード・マイナス3

ネコがナイトスタンドの上から携帯電話を落とす。

マグニチュード・マイナス4

1セント銅貨が犬から落ちる。

マグニチュード・マイナス5

IBMモデルMキーボード(1985年にリリースされたバックスプリング方式の、今では重く感じられるキーボード)のキーを1つ押す。

マグニチュード・マイナス6

ライトウェイト・キーボードでキーを1つ押す。

マグニチュード・マイナス7

羽根が1枚ひらひらと地面に落ちる。

「何だったのかな？」

マグニチュード・マイナス8

細かい砂の1粒が小さな砂時計の下側の砂の山に落ちる。

……このあたりで数段階飛ばして、

マグニチュード・マイナス15

空気中を漂っている小さなほこりがテーブルの上に乗って静止する。

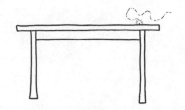

たまには世界が崩壊しないのもいいものだ。

謝　辞

　あなたがご覧になっているこの本を作ることができたのは、多くの人の協力があったおかげだ。

　当初から〈xkcd〉を読んでくださっていて、完成に至るまで本書の面倒を見てくださった、編集担当のコートニー・ヤングにお礼申し上げます。すべてがうまくいくように取り計らってくださった、ホートン・ミフリン・ハーコート社（HMH）のさまざまな素晴らしい皆さんに感謝いたします。忍耐強く精力的に仕事をしてくださった、セス・フィッシュマンならびにガーナート社の皆さんにも大変お世話になり、ありがとうございました。

　私が小惑星について殴り書きしたメモを午前3時に解読までして、本書を本らしくしてくださったクリスティーナ・グリーソンに感謝申し上げます。投稿された質問に答えるうえで協力してくださった、ルーヴェン・ラザルスとエレン・マクマニス（放射線）、アリス・カーンタ（遺伝子）、デレク・ロウ（化学）、ニコル・ガリウッチ（望遠鏡）、イアン・マッカイ（ウイルス）、サラ・ギレスピー（弾丸）ほかのさまざまな専門家のみなさんに御礼申し上げます。本書出版の仕掛け人だったにもかかわらず、注目されるのを嫌っているダヴィーンにもここで感謝を述べさせていただきたい。あとで怒られるのはわかっているけれど。

　IRC（インターネット・リレー・チャット）の参加者のみなさんには、コメントをお寄せいただき、また、修正が

必要な箇所をご指摘くださり、心からお礼申し上げます。また、投稿された大量の質問を分類して、『ドラゴンボールZ』の孫悟空がらみの質問を除いてくれた、フィン、エレン、エイダ、そしてリッキーにも感謝します。どうやら無限の強さを持ったアニメ・キャラクターであるらしく、何百件もの質問が〈ホワット・イフ？〉に届くほど人々にインスピレーションを与えてくれた孫悟空にもお礼を。とはいえ私は、それらの質問に答えるために『ドラゴンボールZ』を見るのは差し控えさせていただいたのだが。

　長年にわたり、私のばかばかしい質問に忍耐強く答えて、ばかばかしい質問にどう答えればいいかを教えてくれた、私の家族に感謝します。測定について教えてくれた父と、パターンについて教えてくれた母とに感謝の意を表します。そして、タフであるためにはどうすればいいか、勇敢であるためにはどうすればいいか、さらに鳥について教えてくれた妻へ、ここに感謝の言葉を記します。

訳者あとがき

「すべての人間が一カ所に集まってジャンプしたらどうなるか？」など、ふと気になっても、「いや、そんなことはありえない」と、うっちゃってしまうような疑問や、「周期表を現物の元素で作ったらどうなるか？」など、突拍子もない疑問に、科学と数学と、シンプルな線画のマンガを使って答える本。アメリカでは、サイエンス系の本としては破格の大ヒットで、ニューヨークタイムズのベストセラー・リストに34週連続で載った。

著者のランドール・マンローは、大学で物理学を学んだあとNASAでロボット工学者として働いた人物。現在はフルタイムのウェブ漫画家で、「恋愛と皮肉、数学と言語のウェブコミック」、xkcdというサイトを運営している。そこから派生した読者投稿サイト、xkcd What Ifが本書のベースだ。マンローは投稿される疑問に、数学と科学、そして「ユーモア力」を駆使して、あっと驚くような答えを出す。その過程で、知人の専門家に問い合わせる、書籍を調べる、冷戦時代の研究データを参照するなど、できる限りの調べものをする。また、それらを使っていろいろ推論を重ねたあげくの「落ち」が実に軽妙洒脱で、ときどき皮肉。読みながら、「くすっ」、または「あっはっは……」と、笑えるところがたくさんある。

マンローは、「数学がそのもの好きというより、既知のことを元に、紙の上で数学を使うだけで、思いがけないこ

とがわかるのが楽しいのだ」と言う（TEDの動画をご覧ください）。数学力と調査力、科学の知識があれば、実際に実験したり、その場に行って確かめられないようなことでも、そこそこ見積もることができる。それで大発見ができるかどうかはまた別だが、本書でマンローの思考経路をなぞらせてもらうと、そんなことができる数学や科学が前より少し好きになり、そういう具合に把握できるこの世界も、前より少し好きになれそうだ。

　大本になる「既知のこと」の典拠が示されないこともときどきあり、推論の根拠もすべてが明確にはされていないので、もしかしたらフラストレーションがたまるかもしれない。そういう場合、ご自分なりに調べものをして、独自の答を出してみては？

　ここで使われる計算は、紙と鉛筆でできるような、大胆な近似を使った概算がほとんど。実は理系の大学生は必ず教わるもので、試験でも、「桁が合っていれば正解」という設問が出たりする。そんなわけで、超弩級で大胆なマンローの答は、桁もちょっとずれている可能性はある。どの典拠のどんな数値を使うか、どんな仮定をするかで、答は大きく変わる。「もしかすると、こういう落ちにしたいから、こういう数値を使っているのか？」と、思う箇所もある。そこは、著者の偉大なユーモア力に免じて、目くじらは立てないことにしましょう。どうぞ、お楽しみください。

　最後に、編集等でお世話になりました、早川書房の皆様に心から御礼申し上げます。

2015年5月　　　　　　　　　　　　　　　　　　吉田三知世

文庫版訳者あとがき

　ランドール・マンローの本書、『ホワット・イフ？』は、単行本でも大勢の方々に楽しんでいただいているが、このたび、文庫化されることになった。インターネットで発信してきたマンロー氏の作品は、電子書籍としても十分味わえるが、紙の本として手に取って読む楽しさも捨てがたい。文庫化され、より身近になったので、電子書籍でしか読んでおられない方も、手にしていただければ幸いだ。

　マンロー氏の邦訳2冊目は『ホワット・イズ・ディス？』（早川書房刊、2016年）。専門用語をまったく使わないイラスト図鑑という、ユニークなスタイルのものだ。そして、2020年には第3弾として、『ハウ・トゥ──バカバカしくて役に立たない暮らしの科学』（*How To: Absurd Scientific Advice for Common Real-World Problems*）という、巷にあふれるハウツー本のカリカチュア的で、荒唐無稽なところもある一方、著者の真摯さが垣間見える、すごい本が出版予定だ。

　荒唐無稽なのは、それだけ思考が自由だという証拠だ。だからこそ、『ホワット・イフ？』で、大人には思いつかない、珍妙な子どもたちの疑問に答えられるのだ。『ホワット・イフ？』邦訳出版後、プロモーションのために来日された際に、マンロー氏に直接うかがうことができたが、やはり子どものころは、突拍子もない質問を思いついては大人に尋ね、困らせていたそうだ。あまり頻繁なので、あ

るとき先生が、「質問には、いい質問と、そうでない質問がある。いい質問を考えてごらん」と言われたそうだ。その言葉を前向きにとらえ、好奇心を委縮させることなく、柔軟な思考力を持ち続けたからこそ、人気ウェブコミックxkcdや、これらの本が書けるのだろう。

　来日時の講演会で、集まってくださった読者のお一人が、ご自身の弟さんの話を披露してくださった。弟さんも小さいころ、突拍子もない質問をしては大人たちを困らせていたが、やがて周囲が対応しきれなくなり、ついにご両親が、弟さんにはアメリカで教育を受けさせることにしたという。たしかに、日本では子どものころから「空気を読んで」、大人にうるさがられていると感じたら、もう質問しなくなるか、あるいは、大人に喜ばれる質問だけをするようになるのかもしれない。だがそれでは、自由な発想がしぼんでいきはしないだろうか？　質問好きな子は、日本では育たないのか？　うーん、それは寂しいし、未来がしぼんでいきそうだ。ぜひ、マンロー氏の本を読んで、笑って、科学は、こんな楽しい世界も開いてくれることを皆さんにも味わっていただきたいと思う。

　私自身、マンロー氏の本を訳すときは、普段以上に頭を柔らかくして、それを意識しないくらいリラックスし、著者の思考の飛翔に一緒に乗せてもらう気持で進めている。その楽しさを多くの皆さんと共有できることを願ってやまない。*How To* の邦訳も近々出版になる。拙訳ながら、この文庫版『ホワット・イフ？』ともどもお楽しみいただければ幸甚です。

　最後に、文庫化にあたりご尽力くださった千代延良介氏

をはじめ、早川書房の皆さんに感謝申し上げます。

2019 年 11 月 　　　　　　　　　　　　　　吉田三知世

参考文献

●ヨーダ

Saturday Morning Breakfast Cereal,
http://www.smbc-comics.com/index.php?db=comics&id=2305#comic

Youtube, "'Beethoven Virus'—Musical Tesla Coils,"
http://www.youtube.com/watch?v=uNJjnz-GdlE

"Beast." The 15Kw 7' tall DR (DRSSTC 5),
http://www.goodchildengineering.com/tesla-coils/drsstc-5-10kw-monster

●ヘリウムといっしょに落ちる

De Haven, H., "Mechanical analysis of survival in falls from heights of fifty to one hundred and fifty feet," *Injury Prevention*, 6(1):62-b-68,
http://injuryprevention.bmj.com/content/6/1/62.3.long

"Armchair Airman Says Flight Fulfilled His Lifelong Dream," *New York Times*, July 4, 1982,
http://www.nytimes.com/1982/07/04/us/armchair-airman-says-flight-fulfilled-his-lifelong-dream.html?pagewanted=all

Jason Martinez, "Falling Faster than the Speed of Sound," Wolfram Blog, October 24, 2012,
http://blog.wolfram.com/2012/10/24/falling-faster-than-the-speed-of-sound

●そして誰もいなくなる?

Project Orion: The True Story of the Atomic Spaceship,
http://www.amazon.com/Project-Orion-Story-Atomic-Spaceship/dp/0805059857

●自分で受精する

"Sperm Cells Created From Human Bone Marrow,"
http://www.sciencedaily.com/releases/2007/04/070412211409.htm

Nayernia, Karim, Tom Strachan, Majlinda Lako, Jae Ho Lee, Xin Zhang, Alison Murdoch, John Parrington, Miodrag Stojkovic, David Elliott, Wolfgang Engel, Manyu Li, Mary Herbert, and Lyle Armstrong, "RETRACTION—In Vitro Derivation Of Human Sperm From Embryonic Stem Cells," *Stem Cells and*

Development (2009): 0908w75909069.

"Can sperm really be created in a laboratory?"

http://www.theguardian.com/lifeandstyle/2009/jul/09/sperm-laboratory-men

このテーマはF・M・ランカスターの、系統学の遺伝学的および定量的側面に関する以下の文章で詳述されている。

http://www.genetic-genealogy.co.uk/Toc115570144.html.

●高く投げる

"A Prehistory of Throwing Things,"

http://ecodevoevo.blogspot.com/2009/10/prehistory-of-throwing-things.html

"Chapter 9. Stone tools and the evolution of hominin and human cognition,"

http://www.academia.edu/235788/Chapter_9._Stone_tools_and_the_evolution_of_hominin_and_human_cognition

"The unitary hypothesis: A common neural circuitry for novel manipulations, language, plan-ahead, and throwing?"

http://www.williamcalvin.com/1990s/1993Unitary.htm

"Evolution of the human hand: The role of throwing and clubbing,"

http://www.ncbi.nlm.nih.gov/pmc/articles/PMC1571064

"Errors in the control of joint rotations associated with inaccuracies in overarm throws,"

http://jn.physiology.org/content/75/3/1013.abstract

"Speed of Nerve Impulses,"

http://hypertextbook.com/facts/2002/DavidParizh.shtml

"Farthest Distance to Throw a Golf Ball,"

http://recordsetter.com/world-record/world-record-for-throwing-golf-ball/7349#contentsection

●死ぬほどのニュートリノ

Karam, P. Andrew. "Gamma and Neutrino Radiation Dose from Gamma Ray Bursts and Nearby Supernovae," *Health Physics* 82, no. 4 (2002): 491–99.

●スピードバンプ

"Speed bump-induced spinal column injury,"

http://akademikpersonel.duzce.edu.tr/hayatikandis/sci/hayatikandis12.01.2012_08.54.59sci.pdf

"Speed hump spine fractures: Injury mechanism and case series," *http://www.ncbi.nlm.nih.gov/pubmed/21150664*

" The 2nd American Conference on Human Vibration,"

http://www.cdc.gov/niosh/mining/UserFiles/works/pdfs/2009-145.pdf

"Speed bump in Dubai + flying Gallardo,"

http://www.youtube.com/watch?v=Vg79_mM2CNY

Parker, Barry R., "Aerodynamic Design," *The Isaac Newton School of Driving: Physics and your car.* Baltimore, MD: Johns Hopkins University Press, 2003, 155.

The Myth of the 200-mph "Lift-Off Speed."

http://www.buildingspeed.org/blog/2012/06/the-myth-of-the-200-mph-lift-off-speed/

"Mercedes CLR-GTR Le Mans Flip,"

http://www.youtube.com/watch?v=rQbgSe9S54I

National Highway Transportation NHTSA, Summary of State Speed Laws, 2007

● フェデックスのデータ伝送速度

"FedEx still faster than the Internet,"

http://royal.pingdom.com/2007/04/11/fedex-still-faster-than-the-internet

"Cisco Visual Networking Index: Forecast and Methodology, 2012–2017,"

http://www.cisco.com/en/US/solutions/collateral/ns341/ns525/ns537/ns705/ns827/white_paper_c11-481360_ns827_Networking_Solutions_White_Paper.html

"Intel® Solid-State Drive 520 Series,"

http://download.intel.com/newsroom/kits/ssd/pdfs/intel_ssd_520_product_spec_325968.pdf

"Trinity test press releases (May 1945),"

http://blog.nuclearsecrecy.com/2011/11/10/weekly-document-01

"NEC and Corning achieve petabit optical transmission,"

http://optics.org/news/4/1/29

● 自由落下

"Super Mario Bros.—Speedrun level 1 - 1 [370],"

http://www.youtube.com/watch?v=DGQGvAwqpbE

"Sprint ring cycle,"

http://www1.sprintpcs.com/support/HelpCenter.jsp?FOLDER%3C%3Efolder_id=1531979#4

"Glide data,"
http://www.dropzone.com/cgi-bin/forum/gforum.cgi?post=577711#577711
"Jump. Fly. Land.," *Air & Space,*
http://www.airspacemag.com/flight-today/Jump-Fly-Land.html
Prof. Dr. Herrligkoffer, "The East Pillar of Nanga Parbat," *The Alpine Journal* (1984).
The Guestroom, "Dr. Glenn Singleman and Heather Swan,"
http://www.abc.net.au/local/audio/2010/08/24/2991588.htm
"Highest BASE jump: Valery Rozov breaks Guinness world record,"
http://www.worldrecordacademy.com/sports/highest_BASE_jump_Valery_Rozov_breaks_Guinness_world_record_213415.html
Dean Potter, "Above It All,"
http://www.tonywingsuits.com/deanpotter.html

●スパルタ

According to a random stranger on the Internet,
Andy Lubienski, "The Longbow,"
http://www.pomian.demon.co.uk/longbow.htm

●海から水を抜く

Extrapolated from the maximum pressure tolerable by icebreaker ship hull plates:
http://www.iacs.org.uk/document/public/Publications/Unified_requirements/PDF/UR_I_pdf410.pdf
"An experimental study of critical submergence to avoid free-surface vortices at vertical intakes,"
http://www.leg.state.mn.us/docs/pre2003/other/840235.pdf

●海から水を抜く：パート2

Donald Rapp, "Accessible Water on Mars," JPL D-31343-Rev.7,
http://spaceclimate.net/Mars.Water.7.06R.pdf
D. L. Santiago et al., "Mars climate and outflow events,"
http://spacescience.arc.nasa.gov
D. L. Santiago et al., "Cloud formation and water transport on Mars after major outflow events," 43rd Planetary Science Conference (2012).
Maggie Fox, "Mars May Not Have Been Warm or Wet,"
http://rense.com/general32/marsmaynothave.htm

参考文献 245

●ツイッター

The Story of Mankind,
http://books.google.com/books?id=RskHAAAAIAAJ&pg=PA1#v=onepage&q&f=false

"Counting Characters,"
https://dev.twitter.com/docs/counting-characters

"A Mathematical Theory of Communication,"
http://cm.bell-labs.com/cm/ms/what/shannonday/shannon1948.pdf

●レゴの橋

"How tall can a Lego tower get?"
http://www.bbc.co.uk/news/magazine-20578627

"Investigation Into the Strength of Lego Technic Beams and Pin Connections,"
http://eprints.usq.edu.au/20528/1/Lostroh_LegoTesting_2012.pdf

"Total value of property in London soars to £1.35trn,"
http://www.standard.co.uk/business/business-news/total-value-of-property-in-london-soars-to-135trn-8779991.html

●ランダムに電話して、くしゃみした直後の人にかかる確率

Cari Nierenberg, "The Perils of Sneezing, ABC News," Dec. 22, 2008.
http://abcnews.go.com/Health/ColdandFluNews/story?id=6479792&page=1

Bischoff Werner E., Michelle L. Wallis, Brian K. Tucker, Beth A. Reboussin, Michael A. Pfaller, Frederick G. Hayden, and Robert J. Sherertz, "'Gesundheit!' Sneezing, Common Colds, Allergies, and Staphylococcus aureus Dispersion," *J Infect Dis.* (2006), 194 (8): 1119–1126 doi:10.1086/507908

"Annual Rates of Lightning Fatalities by Country"
http://www.vaisala.com/Vaisala%20Documents/Scientific%20papers/Annual_rates_of_lightning_fatalities_by_country.pdf

●地球を大きくする

"In conclusion, no statistically significant present expansion rate is detected by our study within the current measurement uncertainty of 0.2 mm yrh1." Wu, X., X. Collilieux, Z. Altamimi, B. L. A. Vermeersen, R. S. Gross, and I. Fukumori (2011), "Accuracy of the International Terrestrial Reference Frame origin and Earth expansion, Geophys." Res. Lett., 38, L13304, doi:10.1029/2011GL047450,
http://repository.tudelft.nl/view/ir/uuid%3A72ed93c0-d13e-427c-8c5f-f013b737750e/

Lawrence Grybosky, "Thermal Expansion and Contraction,"

http://www.engr.psu.edu/ce/courses/ce584/concrete/library/cracking/ thermalexpansioncontraction/thermalexpcontr.htm

Sasselov, Dimitar D., *The life of super-Earths: How the hunt for alien worlds and artificial cells will revolutionize life on our planet.* New York: Basic Books, 2012.

Franz, R.M. and P. C. Schutte, "Barometric hazards within the context of deep-level mining," *The Journal of The South African Institute of Mining and Metallurgy*

Plummer, H. C., "Note on the motion about an attracting centre of slowly increasing mass," *Monthly Notices of the Royal Astronomical Society,* Vol. 66, p. 83,

http://adsabs.harvard.edu/full/1906MNRAS..66...83P

●無重力で矢はどう飛ぶか

"*Hunting Arrow Selection Guide:* Chapter 5,"

http://www.huntersfriend.com/carbon_arrows/hunting_arrows_selection_guide_chapter_5.htm

"USA Archery Records, 2009,"

http://www.usaarcheryrecords.org/FlightPages/2009/2009%20World%20Regular%20Flight%20Records.pdf

"Air flow around the point of an arrow,"

http://pip.sagepub.com/content/227/1/64.full.pdf

STS-124: KIBO, NASA,

http://www.nasa.gov/pdf/228145main_sts124_presskit2.pdf

●太陽を失った地球

" The 1859 Solar–Terrestrial Disturbance and the Current Limits of Extreme Space Weather Activity,"

http://www.leif.org/research/1859%20Storm%20-%2Extreme%20Space%20Weather.pdf

"The extreme magnetic storm of 1–2 September 1859,"

http://trs-new.jpl.nasa.gov/dspace/bitstream/2014/8787/1/02-1310.pdf

"Geomagnetic Storms,"

http://www.oecd.org/governance/risk/46891645.pdf

"Normalized Hurricane Damage in the United States:1900–2005,"

http://sciencepolicy.colorado.edu/admin/publication_files/resource-2476-2008.02.pdf

"A Satellite System for Avoiding Serial Sun-Transit Outages and Eclipses,"
http://www3.alcatel-lucent.com/bstj/vol49-1970/articles/bstj49-8-1943.pdf

"Impacts of Federal-Aid Highway Investments Modeled by NBIAS,"
http://www.fhwa.dot.gov/policy/2010cpr/chap7.htm#9

"Time zones matter: The impact of distance and time zones on services trade,"
http://eeecon.uibk.ac.at/wopec2/repec/inn/wpaper/2012-14.pdf

"Baby Fact Sheet,"
http://www.ndhealth.gov/familyhealth/mch/babyfacts/Sunburn.pdf

"The photic sneeze reflex as a risk factor to combat pilots,"
http://www.ncbi.nlm.nih.gov/pubmed/8108024

"Burned by wild parsnip,"
http://dnr.wi.gov/wnrmag/html/stories/1999/jun99/parsnip.htm

●印刷したウィキペディアを更新する

BrandNew: "Wikipedia as a Printed Book,"
http://www.brandnew.uk.com/wikipedia-as-a-printed-book/

ToolServer: Edit rate,
http://toolserver.org/~emijrp/wmcharts/wmchart0001.php

QualityLogic: Cost of Ink Per Page Analysis, June 2012,
http://www.qualitylogic.com/tuneup/uploads/docfiles/QualityLogic-Cost-of-Ink-Per-Page-Analysis_US_1-Jun-2012.pdf

●大英帝国の日没

"Eddie Izzard – Do you have a flag?"
http://www.youtube.com/watch?v=uEx5G-GOS1k

"This Sceptred Isle: Empire. A 90 part history of the British Empire,"
http://www.bbc.co.uk/radio4/history/empire/map

"A Guide to the British Overseas Territories,"
http://www.telegraph.co.uk/news/wikileaks-files/london-wikileaks/8305236/A-GUIDE-TO-THE-BRITISH-OVERSEAS-TERRITORIES.html

"Trouble in Paradise,"
http://www.vanityfair.com/culture/features/2008/01/pitcairn200801

"Long History of Child Abuse Haunts Island 'Paradise,'"
http://www.npr.org/templates/story/story.php?storyId=103569364

"JavaScript Solar Eclipse Explorer,"

http://eclipse.gsfc.nasa.gov/JSEX/JSEX-index.html

●お茶をかき混ぜる

"Brawn Mixer, Inc., Principles of Fluid Mixing (2003),"

*http://www.craneengineering.net/products/mixers/documents/craneEngineering
PrinciplesOfFluidMixing.pdf*

"Cooling a cup of coffee with help of a spoon,"

http://physics.stackexchange.com/questions/5265/cooling-a-cup-of-coffee-with-help-of-a-spoon/5510#5510

●雷も総がかり

"Introduction to Lightning Safety," National Weather Service, Wilmington, Ohio,

http://www.erh.noaa.gov/iln/lightning/2012/lightningsafetyweek.php

Bürgesser Rodrigo E., Maria G. Nicora, and Eldo E. Ávila, "Characterization of the lightning activity of Relampago del Catatumbo," *Journal of Atmospheric and Solar-Terrestrial Physics* (2011),

http://wwlln.net/publications/avila.Catatumbo2012.pdf

●いちばん寂しい人

BBC Future interview with Al Wolden (April 2, 2013),

http://www.bbc.com/future/story/20130401-the-loneliest-human-being/1

●雨粒

"SSMI/SSMIS/TMI-derived Total Precipitable Water-North Atlantic,"

http://tropic.ssec.wisc.edu/real-time/mimic-tpw/natl/main.html

"Structure of Florida Thunderstorms Using High-Altitude Aircraft Radiometer and Radar Observations," *Journal of Applied Meteorology*,

http://rsd.gsfc.nasa.gov/912/edop/misc/1736.pdf

●SATにあてずっぽうで答える

Cooper, Mary Ann, MD., "Disability, Not Death Is the Main Problem with Lightning Injury,"

http://www.uic.edu/labs/lightninginjury/Disability.pdf

National Oceanic and Atmospheric Administration (NOAA),

"2008 Lightning Fatalities,"

http://www.nws.noaa.gov/om/hazstats/light08.pdf

●中性子弾丸

"Influence of Small Arms Bullet Construction on Terminal Ballistics,"

http://hsrlab.gatech.edu/AUTODYN/papers/paper162.pdf
McCall, Benjamin, "Q & A: Neutron Star Densities," University of Illinois, *http://van.physics.illinois.edu/qa/listing.php?id=16748*

※著者のサイト、xkcd のアドレスは、
www.xkcd.com

本書は、2015年6月に早川書房より単行本『ホワット・イフ？　野球のボールを光速で投げたらどうなるか』として刊行された作品を二分冊し『ホワット・イフ？　Q2　だんだん地球が大きくなったらどうなるか』と改題、文庫化したものです。

かぜの科学
――もっとも身近な病の生態

ジェニファー・アッカーマン
鍛原多惠子訳

Ah-Choo!

ハヤカワ文庫NF

これまでの常識を覆す、まったく新しい風邪読本

人は一生涯に平均二〇〇回も風邪をひく。しかしいまだにワクチンも特効薬もないのはなぜ? 本当に効く予防法とは、対処策とは? 自ら罹患実験に挑んだサイエンスライターが最新の知見を用いて風邪の正体に迫り、民間療法や市販薬の効果のほどを明らかにする!

ブラックホールで死んでみる (上・下)

――タイソン博士の説き語り宇宙論

ニール・ドグラース・タイソン
吉田三知世訳

Death By Black Hole

ハヤカワ文庫NF

太陽の光が地球に到達するまで五〇〇秒だが太陽の中心から表面に至るまでは一〇〇万年。ブラックホールに落ちたらヒトの体はこうなる! NYの名物天体物理学者が、ビッグバンからブラックホールまで42のトピックをあげながら、宇宙学の愉しみをユーモラスに綴るエッセー集。

〈数理を愉しむ〉シリーズ

チューリングの大聖堂（上・下）
——コンピュータの創造とデジタル世界の到来

ジョージ・ダイソン
吉田三知世訳

Turing's Cathedral

ハヤカワ文庫NF

チューリングが構想しそれを現実に創りあげたフォン・ノイマン。彼らの実現した「プログラム内蔵型」コンピュータがデジタル宇宙を創成した。開発の舞台である、高等研究所の取材をもとにした、決定版コンピュータ「創世記」。第49回日本翻訳出版文化賞受賞。解説／服部桂

〈数理を愉しむ〉シリーズ

「無限」に魅入られた天才数学者たち

アミール・D・アクゼル
青木 薫訳

The Mystery of the Aleph

ハヤカワ文庫NF

数学につきもののように思える無限を実在の「モノ」として扱ったのは、実は一九世紀のG・カントールが初めてだった。彼はそのために異端のレッテルを貼られ、無限に関する超難問を考え詰め精神を病んでしまう……常識が通用しない無限のミステリアスな性質と、それに果敢に挑んだ数学者群像を描く傑作科学解説

訳者略歴　京都大学理学部物理系卒業　英日・日英の翻訳業　訳書にマンロー『ホワット・イズ・ディス？』、クラウス『ファインマンさんの流儀』、タイソン『ブラックホールで死んでみる』（以上早川書房刊）他多数

HM=Hayakawa Mystery
SF=Science Fiction
JA=Japanese Author
NV=Novel
NF=Nonfiction
FT=Fantasy

ホワット・イフ？
Ｑ２　だんだん地球が大きくなったらどうなるか

〈NF552〉

二〇一九年十二月十日　印刷
二〇一九年十二月十五日　発行

（定価はカバーに表示してあります）

著者　ランドール・マンロー
訳者　吉田三知世
発行者　早川　浩
発行所　会社株式　早川書房
東京都千代田区神田多町二ノ二
郵便番号　一〇一－〇〇四六
電話　〇三－三二五二－三一一一
振替　〇〇一六〇－三－四七七九九
https://www.hayakawa-online.co.jp

乱丁・落丁本は小社制作部宛お送り下さい。送料小社負担にてお取りかえいたします。

印刷・三松堂株式会社　製本・株式会社フォーネット社
Printed and bound in Japan
ISBN978-4-15-050552-3 C0140

本書のコピー、スキャン、デジタル化等の無断複製は著作権法上の例外を除き禁じられています。

本書は活字が大きく読みやすい〈トールサイズ〉です。